C000090589

1 MONTH OF
FREE
READING

at

www.ForgottenBooks.com

By purchasing this book you are eligible for one month membership to ForgottenBooks.com, giving you unlimited access to our entire collection of over 1,000,000 titles via our web site and mobile apps.

To claim your free month visit:

www.forgottenbooks.com/free409135

ISBN 978-0-484-40825-7

PIBN 10409135

IL CERVELLO

I MILANO

PER

POMPONET

MILANO

TIPOGRAFIA DEGLI OPERAI (SOC. COOP.)

Corso Vittorio Emanuele, 12-16

1891

A TU PER TU

col signor lettore

—

Non facciamo un catalogo, nè una guida. Sono cose volgari, le quali ormai non hanno più che un valore molto relativo.

Il rosario degli indirizzi, delle strade, delle botteghe, delle professioni, ecc. — tutti quegli elenchi monotoni e filaccicosi, sono una vera afflizione della vita.

Che non hanno fatto questi pedanti della statistica?

Qual cosa non cade sotto la loro finca alfabetica e numerica? Le cifre esatte delle cose più fantastiche, chiedetegliele: essi le sanno. Sono capaci persino di fare la statistica — o di tentare almeno di farla — di tutti i castelli in aria, di tutte le speranze deluse, di tutti gli amori morti prima del loro tempo.

'Ebbene. Noi non abbiamo il carcinoma dell'arida e matematica statistica.

905550

Le nostre sono semplicemente delle pagine staccate; cogliamo dei nomi con spirito di scelta, siamo cronisti estemporanei, d'occasione, osservatori non troppo indifferenti e biografi non soverchiamente pessimisti.

Il Cervello di Milano *compendia nel titolo la propria ragione d'essere. Victor Hugo non chiamò forse Parigi* le cerveau du monde? *Ciò che forma un nucleo di attività e di fosforescenza: ciò che è focolare di pensiero, di iniziativa, di passione, di ambizione, di studio e di allegria, può ben chiamarsi la massa cerebrale di una città e di una popolazione.*

Ora, Milano ha i suoi lobi, la sua materia grigia, la sua pia madre e la sua dura madre definiti topograficamente dalla figura poliedrica che dalla piazzetta di S. Carlo va alla piazza del Duomo, dal Duomo alla via Manzoni e piazza della Scala, da questa alla Galleria Vittorio Emanuele e vie adiacenti. Su questa pianta, molto succinta ma così ricca di vitalità e di sangue arterioso — in questo gran centro di lavoro e di mondanità, che riassume veramente la complessa fisionomia della metropoli lombarda, nei costumi, nelle caratteristiche naturali e simpatiche del suo popolo — noi abbiamo voluto abbozzare qualche silhoutte, senza alcuna pretesa di tramandare ai posteri chicchessia, e tanto meno noi stessi.

Certo in questo volume non è contenuta la sintesi delle notabilità industriali, commerciali ed artistiche che il centro di Milano nostro con-

tiene. Sono spigolature — lo ripetiamo — non pagine di un catalogo. Molto altro materiale abbiamo sottomano, e ci servirà per la pubblicazione che intendiamo far seguire a questa che oggi presentiamo al gran pubblico.

La pubblicità che per mezzo nostro vien data a tanti rami dell'attività milanese, fattori indiscutibili del primato morale ed economico che gode Milano nel concerto delle città italiane, servirà — speriamo — a far sempre meglio conoscere ed apprezzare la produzione lombarda, nonchè la virtù del lavoro, dell'intraprendenza, del coraggio, dell'integrità professionale che tanto distinguono le classi operose della nostra popolazione.

Proclamare il bene è fare il bene — ha detto Tommaseo. Ecco perchè ci compiacciamo dell'opera nostra, pur fidando nell'indulgenza del signor lettore!

Pomponet.

IL TEATRO " CHIC „

Se la *Scala* è il teatro massimo, *le premier théâtre du monde*, come lo chiamavano i francesi una quarantina d'anni fa — se il *Filodrammatici* è il teatro *mignon*, dove la gente va senza prevenzioni e preoccupazioni, lieta soltanto di dare lo spirito tranquillo e libero alle manifestazioni estetiche, prima con attenzione e infine con entusiasmo — il *Manzoni*, o miei lettori ignoti, è il teatro *chic* per eccellenza, perchè espressione vera di questo vocabolo intraducibile è la nervosità costante, è quel non so che di appassionato e di temibile che in linea di arte costituisce il giudizio d'una cittadinanza.

Il *Manzoni* è stato costruito sull'area della casa già abitata da Massimo d'Azeglio. Quel fine e strano temperamento d'artista che fu il gentiluomo piemontese è dunque l'abavo del signorile teatro di piazza S. Fedele, precisamente come l'autore dei

Promessi Sposi ne è stato il padrino al fonte battesimale.

Cioè, piano. Il teatro dapprima era destinato soltanto alle produzioni drammatiche, epperò venne intitolato precisamente *Teatro della Commedia*, ricalcando la classica denominazione d'un teatro parigino.

Ma l'esclusivismo, oggi, non è più idoneo al gusto ed alle tendenze del pubblico. In arte, sopratutto. Ed ecco il perchè — datosi una bella sera al *Manzoni* lo spartito di Flotow, l'*Ombra*, che era una novità per Milano — ed essendo riuscita una grande manifestazione lirica ed un più grande plebiscito popolare, fu decisa da quell'epoca, per quelle scene, la connivenza di Euterpe con Melpomene. E, di conseguenza, il *Teatro della Commedia* diventò il *Teatro Manzoni*, approfittando dell'opportuna inaugurazione della statua al gran lombardo in piazza S. Fedele, di fronte al teatro stesso.

Qualche altro cenno d'indole storica non sarà discaro, trattandosi d'un istituto artistico che in tutta Italia gode fama eccezionale.

L'architetto del *Manzoni* fu lo Scala di Udine. Bizzarre analogie di nomi e di correlazioni! Scala ricorda subito il famoso tempio dell'arte lirica che valse a Milano nostra il nome di Mecca musicale del mondo; ed il teatro *Manzoni* doveva, dal nome del suo architetto, dedurre un lieto auspicio per il proprio avvenire nell'àmbito drammatico-musicale italiano.

Tanto vero che il nomignolo di *piccola Scala* gli è rimasto e si è popolarizzato.

Ci tenete alle date, o lettori sconosciuti? Ebbene: segnatevelo sul taccuino. L'inaugurazione del *Manzoni* è avvenuta il 3 dicembre 1872 colla compagnia Bellotti-Bon — chi se ne ricorda ancora di quel povero ed illustre suicida? — che vi fece novanta recite consecutive. I più noti ed accarezzati artisti del teatro di prosa sfilarono successivamente su quelle scene ambite e temute. Novelli vi fece là le sue prime armi. La Duse — la *bella-brutta* come la chiamò un nostro critico argutissimo — vi si produsse in una stagione che è rimasta memorabile: nel 1888.

Tutto l'olimpo femminile dell'arte, tutto il *dessus du panier* del coturno mascolino, ha voluto ricevere da quelle tavole il battesimo della rinomanza, che resta come il passaporto internazionale nella carriera d'un artista.

Voi che ci tenete alle cifre, notate ancor queste. Il teatro *Manzoni* contiene 1100 spettatori — non uno di più, è vero, ma neanche uno di meno.

Il teatro *Manzoni* ebbe l'illuminazione elettrica nell'anno di grazia 1884.

Se desiderate anche dei nomi, son qua per servirvi.

Fra i soci fondatori di questo teatro si contano le notabilità più spiccate di Milano, nel mondo dell'intelligenza, del sangue e del denaro.

Basti accennare che vi fanno parte il conte Belinzaghi, il marchese Rocca Saporiti, il marchese Crivelli, il conte Turati, il cav. Ponti, il conte Mondolfo, il conte Aldo Annoni, il conte Borromeo, il marchese Brivio, il nobile Bagatti-Valsecchi, il conte Pullé Leopoldo (oggi vicesegretario di Stato).

Fra gli azionisti da mentovare sono i fratelli Pisa, banchieri, il comm. Cozzi, direttore della Banca Nazionale, la duchessa Melzi, il conte Cesare Bolognini. il comm. Brambilla Pietro, il sig. Bosotti Erminio, l'ing. Cairati, il cav. Massimo De Vecchi, il cav. Erba Luigi, il comm. Fuxier, i fratelli Gnecchi, il nobile Alessandro Melzi, il comm. Prinetti, il banchiere Alberto Weill-Schott.

Bisogna aver assistito al *Manzoni* a qualche *prima* di un autore di grido, per avere una idea esatta di quell'ambiente aristocratico e terribile. Quando nei tepidi palchetti le belle signore irreprensibili smorzano sotto il sorriso la calda febbre dell'aspettazione; quando dalle poltrone in orchestra si leva come un rumoreggiamento irrequieto e intenso, susseguito da silenzi profondi e pensosi; quando nei corridoi, sulle eleganti loggie del ridotto, e nel peristilio, si addensa, fitta e stecchita, una schiera elegantissima di *fracks* e di *gibus*, di cravatte bianche e di sparati inamidati, accumulando pronostici, critiche, delusioni, entusiasmi, sfoghi soavi dell'anima e lividi lampi, in un rimescolio esaltato e simpatico, che si rinnova ad ogni atto e si prolunga fin dopo l'ultima discesa del sipario, fin dopo la caduta od il trionfo!...

Quanti sogni coronati, quante fatiche compensate, quante battaglie vinte, quanti tonfi, quanti naufragi, ha visto la platea del *Manzoni!*... A volerli elencare tutti ci sarebbe da fare un ditirambo ed un epicedio, ci vorrebbe la penna di Simonide e quella di un necroforo dell'ufficio urbano....

E su tutte queste febbri, su tutte queste altalene di successi e di capitomboli, su tutta questa effervescenza di tentativi, di seduzioni, di crucci, di superbie e di abbandoni — sta il perpetuo, l'intangibile sorriso del buon cav. Lombardi, che le sorti del teatro dirige fin dall'apertura.

Il cav. Lombardi, che era già stato dirigente dell'antico teatro *Re Vecchio,* ha saputo dare al *Manzoni* un carattere tutto moderno, pur mantenendone intatto il severo programma artistico. Egli ha saputo conciliare là dentro le più elevate emozioni estetiche colle più simpatiche manifestazioni della vita mondana.

Altri potrà esaltare nel cav. Lombardi il fine tatto dell'intenditore in materia di produzioni drammatiche — altri potrà lodarlo per il suo *savoir faire* e per l'abilità veramente eccezionali con cui tiene il difficile posto di dirigente d'uno dei primi teatri d'Italia.

Noi, qui, vogliamo rilevare in lui il merito meno vantato e pure incalcolabilmente prezioso — quello, cioè, di aver creato a Milano un ritrovo d'arte che è il più nobilmente signorile e il più genialmente frequentato fra quanti teatri — per capacità imitata detti secondari — annovera l'Italia.

IL TEATRO MIGNON

È fin dal 1796 — qualche cosa come un secolo fa — che la nostra Accademia dei filodrammatici ebbe vita, incoraggiata dal Direttorio esecutivo francese allora dominante nella capitale della Lombardia.

Dalla sua primitiva sede nel Collegio Longoni venne poi trasportata di fianco al teatro della Scala e ne furono istruttori, fra i molti illustri, Francesco Bon, Alamanno Morelli, Giovanni Ventura, Amilcare Belotti, Paolo Ferrari, e, in questi ultimi tempi, Giuseppe Giacosa.

Attualmente, a capo della rinomata scuola di recitazione vi è il cav. Luigi Monti — l'artista provetto ed insigne, di cui tutti ricordano i trionfi nel campo drammatico.

L'Accademia dei filodrammatici contava già del resto, fra la schiera luminosa dei suoi soci, un altro Monti — nientemeno che il tragedo classico, l'autore immortale dell'*Agamennone*.

Il teatro sociale, col 1° novembre 1885, è stato completamente restaurato dall'ing. Giachi. Sorge nella piazzetta che prima aveva nome dal teatro stesso, sul lato sinistro della Scala.

È una sala che pare un salotto: un ambiente proprio creato per le serate squisite, pel delicato raccoglimento che rende le impressioni più intense e lo spiritual godimento più libero e più profondo.

In mezzo a quelle pareti, dove tanti attori fecero le loro prime armi preludiando a carriere brillanti e clamorose — su quelle scene dove pure giganteggiarono la Tessero, la Marini, la Duse, la Sara Bernhardt e tante altre celebrità dell'arte drammatica — in quell'atmosfera spirante la giovinezza e la serenità delle cose belle — voi non potete sottrarvi ad una specie di suggestione che s'indirizza ai sensi e che passa sino alla fantasia e sino al cuore.

Sulle scene del teatro *mignon,* così caro ai milanesi, che vi conducono tanto volontieri le loro famigliuole, non fiorisce soltanto l'arte di Roscio, ma anche le produzioni musicali vi tengono nel corso dell'anno un posto onorato.

Il cav. Giacomo Brizzi, direttore da molti anni del teatro, porta nella gestione artistica del medesimo tutto il tesoro d'una esperienza tecnica assolutamente fuori del comune.

Nessuno meglio di lui — che contò già fra i più fini, e coscienziosi, e applauditi artisti drammatici del teatro nazionale — poteva ravvivare con serietà e pazienza di lavoro, con larghezza di vedute e con una competenza tutta personale e indiscutibile la potenzialità organica e la morale influenza di un istituto artistico, il quale, alle preziose tradizioni storiche ed artistiche, deve accoppiare altresì la modernità e lo slancio delle iniziative.

Questo ha compreso il cav. Brizzi e su questa strada ha avviato e guida il più *mignon* dei teatri ambrosiani.

L'ALTO BORDO

In una pubblicazione che si chiama il *Cervello di Milano* non si può obliterare l'aristocrazia e la plutocrazia: ciò che, gira e rigira, forma la borsa, la banca, la base, l'origine, la forza, il prestigio della metropoli lombarda.

Ma — nel periodo in cui questa pubblicazione è stata organizzata — il mondo *vlan* era alle acque ed ai monti, o viaggiava all'estero in cerca di sensazioni, di apparenze e di orizzonti nuovi.

Ci è forza dunque rinviare ad una successiva pubblicazione la cronaca aristocratica, desiderando darle la forma ed il colorito di una veridica rassegna sperimentale.

Oggi come oggi, visto che una delle località più vicine e più di moda preferite dall'*alto bordo* è il lago di Como, diremo due parole di questo paradiso terracqueo, che è come la filiale dell'Olimpo milanese.

Su quasi tutte le più belle ville del lago sventolò in questi ultimi mesi la bandiera, segno che vi erano i padroni di casa. E verso le quattro, le cinque, prima del pranzo, nel primo tratto del lago era un continuo viavai di lancie e barche eleganti conducenti da una villa all'altra della gente.

Il duca Visconti di Modrone che ha comperato, qualche anno fa, la principesca villa dell'*Olmo*, ha acquistato altresì un. bellissimo vaporino che di frequente è da lui messo a disposizione degli amici per gite sul lago. Sul vaporino, addobbato con gusto irreprensibile, coi marinai in elegante uniforme, possono prender posto un centinaio di persone.

Sono sul lago nella loro splendida villa anche i Taverna. E la villa Taverna è fra le più belle, anche perchè possiede, come quella dell'*Olmo*, un magnifico giardino, mentre in generale, sul lago di Como, anche alcune fra le ville più grandiose non hanno che un modesto giardino. Sono sul lago i Trotti nella loro villa *Pliniana*, famosa per la fontana studiata da Plinio che diede il nome alla villa. Poco dopo vi è la villa del conte Belinzaghi, il quale, come sindaco di conciliazione, non s'induce a lasciar Milano nemmeno per pochi giorni, per tema che, durante la sua assenza, i due partiti contendenti si accapiglino.

Vicino a Cernobbio donna Vittoria Cima riunisce spesso intorno a sè una piccola comitiva di artisti e letterati. Dall'altra parte del lago e più innanzi, nella loro villa, il marchese e la marchesa Saporiti continuano, anche in villeggiatura, quella tradizione di larga e cortese ospitalità che a Milano tutti conoscono.

Ma se adesso i loro proprietari non ci vanno più nei mesi estivi, non mancano di andarvi a passare l'autunno.

Sulla stessa linea di Erba, a meno di una ventina di chilometri da Milano, vi sono due splendide ville Borromeo; una a Cesano, del ramo a cui appartengono le famose isole sul Lago Maggiore; un'altra a Senago, dove donna Costanza Borromeo, nata D'Adda, ebbe più volte l'onore di ospitare Sua Maestà la regina, e dove due anni fa andò, invitato ad una partita di caccia, il principe di Napoli. Press'a poco alla stessa distanza da Milano vi è, a Lainate, la splendida villa di casa Litta — ramo ducale — ora venduta ai Weil-Weiss, uno dei quali, sposando la contessina di Soissons, s'imparentò colla famiglia del principe di Carignano.

Nello stesso raggio, intorno a Milano, v'è un'altra villa veramente grandiosa, quella di Castellazzo-Arconati, dove prima si facevano le corse. Passata in casa Busca, vi sta ora donna Luigia Busca, maritata Sormanni, cognata dell'on. Sola; ad Arcore, vicino a Monza, la splendida villa del marchese D'Adda che è sempre centro di riunioni geniali e simpatiche, alle quali presiede la cortesia e lo spirito della marchesa Bice D'Adda; a Carimate lo splendido castello del deputato Arnaboldi, dove ha passato qualche tempo anche la sposa Arnaboldi Della Porta; ad Affori, che è quasi diventato un sobborgo di Milano, la villa Litta, dove il suo attuale proprietario don Giannino Litta, ex-ufficiale di cavalleria, risiede tutto l'anno e fa molto bene al paese come sindaco; a Paderno la villa Bagatti-Valsecchi, grandiosa ed artistica, tutta messa in istile del 600 con esattezza e scrupolosità storica, ammirata dai numerosi visitatori che vi si recano in ogni epoca dell'anno. I Bagatti-Valsecchi hanno due passioni; questa delle ricostruzioni storiche e quella del velocipede. Anche la loro casa a Milano in stile del 400 è una meraviglia.

E non la finirei più se volessi continuare, perchè non vi ho parlato che di poche ville vicine a Milano, ma vi sono poi tutte quelle della Brianza e del Varesotto.

Le prime avvisaglie invernali hanno già fatto ritornare in città una buona parte dei nostri _tallons rouges_ ambrosiani. Di guisa che al solito « bar » ritornano di moda i versi del _Guerin Meschino_ dedicati a questo bel mondo:

— On biccier de Sherry. — Thank you.
— Damm on sandwich fa de moll.
— Very well? Me doeur el coo!
— Migraine stifft l'è beatifull.

Gutta i tecc, forfait, boockmacker,
Steeple chase, all right e meet.
Tucc sti ingles sensa Bedeker
Hin vesti de ingles polit.

— Ciao, voo al lunch. — Com'è, te scapet?
— Sì, voo a mett el smoking ciapet.

I FRANCO-ITALIANI

Se l'autore di *Mirra* potesse rialzare il capo *rabbuffato* e *sonnolento*, come Adamo nel celebre sonetto dell'abate Minzoni — egli farebbe una risatina.

Ciò sarebbe straordinario, perchè si sa che l'allobrogo feroce non rideva mai.

Ma ciò sarebbe altresì logico, comprensibile, ed equo.

Dappoichè, o signori, il *Misogallo* alfieriano ha avuto ed ha in questa nostra Italia una falange macedone di correligionari e di accóliti.

L'odio alla Francia è di rigore come la marsina al veglione del venerdì grasso alla Scala. I francesi non sono che dei *blagueurs* fastidiosi, Parigi non è che un sobborgo della leggendaria Gomorra, il figurino del *Journal des dames* non è positivamente che uno scellerato scarabocchio, il *Bordeaux* è un vino che dà la colica e, insomma, tutto quel popolo non è che una massa di antipatici.

E del resto, per una quantità di altri ben pe
santi posti al di là delle Alpi, nella dolce terra
Chateaubriand e di Victor Hugo, noi non siamo ch
macaroni, briganti, suonatori di arpilegno e stra
cioni, sporchi sì, ma ingrati.

Così il sistema del *do ut des* è bene suffragat
I conti bilaterali camminano che è una delizi
E si tengono le polveri asciutte per il *gran giorn*
profetizzato inevitabile.

Eppure — checchè ne dicano e scrivano i semin
tori d'odio — questo antagonismo non può durar
È uno strabismo storico, una demenza politica, un
sforzo bieco di esaltati, una coalizione di interes
impuri, un attentato alla civiltà — e, come tutte
cose mostruose, non sopraviverà alle cause e
mere che lo produssero e che l'alimentano.

Questo esordio era indispensabile scrivendo
testa al presente capitolo il nome dei Gondrand.

I fratelli Gondrand stabiliti da oltre vent'an
in Italia, se ne son fatta la loro seconda patria, svo
gendo qui le loro iniziative coraggiose, la loro a
tività febbrile, le attitudini felici e veramente e
cezionali del loro talento commerciale.

A Milano, il cav. Francesco è una notabilità, co
lo è a Genova il cav. Clemente.

ഏൗ

Non c'è milanese che non conosca l'*Agenzia i
ternazionale di viaggi* in Galleria Vittorio Em
nuele.

I Gondrand la rilevarono dalla casa Caygill

Londra, in seguito al *crack* che colpiva questa ditta inglese.

In quel locale dall'aspetto signorile e invitante, nelle cui vetrine amplissime fanno bella mostra le novità più ricercate in materia di letteratura di viaggi, di guide e di orari, di riproduzioni fotografiche e dei mille altri oggetti così indispensabili al *touriste* come la tabacchiera al frate predicatore — in quella agenzia dove ferve incessantemente il lavoro, si fornisce gratuitamente ogni informazione sui prezzi, orari ed itinerari e quant'altro si riferisce ai viaggi.

Là si dànno notizie e recapiti per qualunque città d'Europa ed altri continenti.

Là si distribuiscono i biglietti ferroviari delle reti adriatica e mediterranea per treni diretti ed *omnibus* per qualunque destinazione — biglietti di andata e ritorno ordinari e festivi — biglietti circolari per l'interno e per l'estero — biglietti speciali di andata e ritorno per Parigi e Londra — biglietti a tariffa ridotta per militari, impiegati, ecc. Tutti i biglietti si vendono ai prezzi stampati sui biglietti stessi, senza alcun aumento, e sono valevoli per partire con qualunque treno della giornata.

Là si distribuiscono pure biglietti di passaggio di tutte le compagnie marittime, per ogni destinazione — biglietti ordinari e circolari per le ferrovie americane — *sleeping cars, pulmanns, coupés-letti.*

Là si ricevono e scritturano direttamente i bagagli per tutte le destinazioni del mondo.

ოჯო

La casa Gondrand a Milano ed a Genova è agente generale della potente *Compagnie générale transatlantique,* come della stessa compagnia sono agenti generali i fratelli Girard, parenti coi Gondrand.

La *Compagnie générale transatlantique* dispone, come è noto, dei più eleganti e veloci piroscafi per la linea postale settimanale celerissima, Havre-New York, compiendo la traversata in soli sette giorni.

La *Touraine,* la *Gascogne,* la *Champagne,* la *Bourgogne,* la *Bretagne* e la *Normandie* presentano il più raffinato *comfort* che si possa desiderare a bordo d'un piroscafo: illuminazione elettrica, cabine di lusso, biblioteca, bagni, medici, ecc.

La nominata Compagnia esercisce anche le linee postali mensili delle Antille (linea da Saint-Nazaire a Vera Cruz; linea Havre-Bordeaux a Haiti: linea Havre-Bordeaux a Colon: linea da Marsiglia a Colon; linea da Saint-Nazaire a Colon).

E, infine, la *Compagnie générale transatlantique* batte coi suoi vapori le linee postali del Mediterraneo, con partenze da Genova per Marsiglia tutti i martedì in coincidenza colle linee per le coste d'Africa e Oriente, nonchè per Corsica e Malta. Fa anche il servizio fra Porto Vandres e l'Algeria, Orano, Cartagena, nonchè fra la Spagna e l'Algeria.

Non bastando alla prodigiosa attività dei fratelli Gondrand questa già ampia sfera di rappresentanza, estendentesi in tutti i punti del globo civilizzato, essi assunsero anche recentemente la rappresentanza a Marsiglia della *Navigazione generale italiana.*

౼ఞ౼

Ma questo non è ancora il quadro completo dell'organismo, delle ramificazioni e dello sviluppo della casa Gondrand.

Non si può parlare di essa senza dire almeno qualche parola d'una delle sue più felici e ingegnose innovazioni, che le hanno acquistata giustamente grande popolarità ed una larga clientela. Alludiamo, come tutti capiscono, al suo servizio generale di trasporti.

I *fourgons de déménagement* della ditta Gondrand hanno una reputazione proprio di cartello. Sono colossali veicoli internamente imbottiti, che possono contenere comodamente la mobilia di cinque a sei camere; con questi forgoni si evita l'inconveniente e la spesa dell'imballaggio degli oggetti fragili e di quelli che richiedono speciali cure, come specchi, quadri, ecc.

Per la loro solida costruzione e per l'ingegnosa imbottitura delle loro pareti interne, essi preservano altresì la mobilia da qualsiasi rottura od avaria.

Questi forgoni vengono caricati a cura e spese della ditta, la quale ne effettua il trasporto, a seconda delle distanze, o con cavalli, o col mezzo delle ferrovie, essendo costruiti in modo da poter essere trasportati sui vagoni stessi delle strade ferrate, evitando così i trasbordi tanto dannosi alla mobilia.

· La Casa cura altresì lo scarico a destinazione, tenendo per questo servizio speciale un personale fidato e sperimentato.

La ditta Gondrand tiene un deposito sufficiente di questi suoi ammirabili furgoni, per qualunque servizio, non solo a Milano (via Tre Aberghi, 18) ma a Genova, Roma, Napoli e Torino, tacendo delle numerosissime agenzie da essa impiantate all'estero pel servizio generale di trasporti (totale trentanove case).

La sede principale delle numerose case fratelli Gondrand e fratelli Girard si trova in via Tre Alberghi, 18, ove si assumono incarichi per trasporto *a forfait* in ogni paese, sia per mare che per ferrovia; per operazioni doganali, incassi, informazioni commerciali, contenzioso, ecc. Ogni filiale dei Gondrand ha servizi di *groupages* regolari a vagoni completi, a grande vantaggio del commercio che trova così un risparmio sul costo diretto.

I principali *groupages* della sede di Milano sono da Milano su Napoli, Bari, Firenze, Roma, New York, Londra, Parigi, Basilea, ecc., dall'Inghilterra, Belgio, Parigi, Monaco, Vienna ed altre città su Milano ed altri punti dell'Italia.

È un porto di mare con un va e vieni inesauribile.

❧

Cinque anni fa il cav. Francesco Gondrand, che — come abbiam detto — oltre ad essere un abile ed instancabile uomo d'affari, è altresì uno spirito colto,

amante dell'arte e della mondanità in tutte le loro
varie espressioni, volle fondare un giornale, il quale,
in Italia e all'estero, fosse quasi il monitore delle
comunicazioni ferroviarie e marittime, la lettura
prediletta durante le ore di mollezza, e diremo
anche di tristezza, che assalgono in viaggio la fibra
del *touriste* più sperimentato.

Il giornale venne alla luce e si chiamò appunto
Il Viaggiatore, e dopo un quinquennio fortunato di
vita diffusa e operosa, continua brillantemente le
sue pubblicazioni anche oggi, uscendo quindicinal-
mente, sempre ricco di notizie utili e di *causeries*
piacevoli.

Il Viaggiatore ebbe nei primi tempi a suo principale redattore un giovane pubblicista 'pieno di talento e di cuore, Giulio Manzoni, il pronipote del-
l'autore dei *Promessi Sposi*. Egli si era guadagnata
la stima la fiducia del cav. Gondrand, ed a lui era
stata affidata la compilazione della nuova effe-
meride.

Egli riuscì a far entrare il giornale della casa
Gondrand nelle abitudini del pubblico che viaggia
ed anche che non viaggia, cosicchè oggi *Il Viaggiatore* si trova e si vende in tutti i centri im-
portanti della penisola e gode di una reputazione
invidiabile.

Ora il povero Giulio dorme « *sotto le pietre bianche
alla Certosa* » abbattuto precocemente da un morbo
protervio e implacabile.

ୠୠ

Gondrand ama Milano come la sua seconda patria e non tralascia occasione di dimostrarlo. Il suo nome è legato da tempo a tutte le opere di beneficenza milanese: qualunque iniziativa filantropica sorga, è certo che trova in lui un entusiastico sostenitore, pronto a pagare di borsa e di persona.

Una delle supreme lietezze della sua operosissima vita, si è la febbrile attività negli affari.

Citiamo ad esempio l'assunzione da lui fatta recentemente della importante gestione dei Magazzini di Lombardia.

I fratelli Gondrand, infine, onorarono in Italia il nome della loro patria d'origine — la Francia — per la quale in fondo al cuore di ogni italiano vi ha una simpatia irresistibile, frutto di consanguineità e di tradizione storica.

SUL CORSO

I « FLANEURS. »

Su e giò — poeu ancamò
   Tutt el dì — giò e su;
   Bell o brutt — bagnaa o sutt
   Quisti chi — requien pu.

Requien pu — per guardà,
   Bagolà — fass vedè;
   L'è so spass — pestà sass,
   Gh'han la cà — sui du pè.

Bei o bei — a vedei
   Batt i tacch — vess mai stracch,
   Saludà — streng la man,
   Popolà — tutt Milan.

PRAEVIDENTIA VITAE

Dirimpetto al Duomo, nel punto più frequentato di Milano, sorge un palazzo imponente che fa angolo colla via Mercanti: esso è di proprietà della GRESHAM, *compagnia inglese di assicurazioni sulla vita*, la quale vi tiene i suoi uffici. La stessa Compagnia possiede in Milano un altro grande palazzo al n. 5 in via Palermo. Ciò dà subito un'idea degli interessi che questa potente associazione anglosassone ha nella città che non a torto è chiamata la capitale morale d'Italia.

La *Gresham* è diventata in breve tempo, dacchè essa si è stabilita fra noi, il faro cui si converge l'attenzione di tutti coloro che, non dal caso, ma dalle assidue loro cure, dall'intelligente loro affetto vogliono che dipenda l'avvenire delle persone preziosamente a loro care.

Un motivo deve esserci perchè così larghe basi abbia preso a Milano una tale istituzione.

Il Cervello di Milano.

E questo motivo è detto in pochissime parole. Qui la previdenza ha posto salde radici. Qui si sente che « più della morte è forte l'amore ».

L'indefessa operosità lombarda non può adattarsi all'*après moi le deluge* delle società in decadenza. Dove tutti lavorano, debole è il sordido egoismo, incomprensibile è per un essere umano nel senso dignitoso della parola la supina indifferenza che dal fato attende la soluzione d'ogni problema avvenire; invece forte è l'intellettuale cura dei propri interessi; l'amore per la consorte, per i figli, per tutte le persone care è guidato dal pensiero; il prevedere all'avvenire della famiglia, il premunirla contro le eventualità che continuamente minacciano l'esistenza, qui è sentito come un dovere.

L'istruzione pratica che ricevono i milanesi, le attitudini che essi hanno per le arti, le industrie, il commercio — le manifestazioni dell'attività veramente umana — hanno sviluppato il culto della previdenza: da ciò il segreto delle vive simpatie che qui suscitò la *Gresham*, da ciò il perchè primo del suo successo in Lombardia.

Altro motivo non dubbio sta nella grande vitalità di questa istituzione, nelle straordinariamente solide garanzie di grandi vantaggi che essa offre.

La GRESHAM *life assurance Society* fu costituita in Londra nel 1848; si stabilì in Italia nel 1855; ha un capitale sociale di 2.500.000 lire, di cui sole 542.000 lire furono versate. Per operare in Italia, versò a titolo di cauzione al governo la bagattella di 978.120 lire in cartelle di rendita al cinque per cento; introdusse quindi quasi un milione nelle casse dello Stato.

Fortemente così stabilita fra noi, la *Gresham* ha potuto arrecare immensi vantaggi a tutti coloro che sanno prevedere le eventualità della vita e garantire il *proprio avvenire*.

Non a caso queste due ultime parole sono stampate in corsivo. Nella *Gresham*, oltre all'*assicurazione in caso di morte* che consiste nell'assicurare un capitale od una rendita pagabile dopo la morte dell'assicurato, sia ai suoi eredi, sia ad una determinata persona, v'è l'*assicurazione mista*, che consiste nell'assicurare un capitale pagabile, od all'assicurato stesso in caso di vita ad un'epoca determinata, od ai suoi eredi, in caso di morte. Da ciò chiaramente rifulge come sia veramente il proprio avvenire quello che assicurano coloro che nella *Gresham* posero la loro previdenza.

Tutti gli impegni contratti dalla *Gresham* vengono scrupolosamente mantenuti senza dar luogo nè a contestazioni, nè a difficoltà. Acciò poi non abbia a riuscire impreveduto il caso in cui sorgesse un dissenso fra qualche assicurato e la Compagnia, questa accetta la competenza dei tribunali di Firenze, dove ha domicilio legale, e dove ha la sua sede della succursale d'Italia.

Del resto il passato dell'Associazione è la miglior garanzia che essa possa dare in proposito. La progressione del reddito annuo e delle attività della *Gresham*, in armonia coll'aumento nei premî per nuove assicurazioni, è costante dalla fondazione della Società e in questi ultimi anni presenta dei risultati di un'eloquenza decisiva.

La situazione della Compagnia alla metà dell'anno scorso presentava le seguenti cifre:

Attività. . . . . L. 111.610.614,—
Reddito annuo . . . . » 20.084.349,—
Somme pagate per sinistri, sca-
   denze, riscatti, ecc. . . . . . » 234.804.082,—
Utili ripartiti, di cui quattro quinti
   agli assicurati . . . . » 18.800.000,—

Questi numeri dicono tanto che sarebbe superfluo lo spendere parole per dimostrarne l'importanza. Non a torto si è detto che le cifre non sono opinioni.

Ciò che maggiormente concorre a quotidianamente accrescere il numero degli assicurati alla *Gresham* è — oltre alla sicurezza matematica che essi possono avere della solvibilità dell'Associazione — lo specchio dell'aumento continuo che si verifica nei premî per nuove assicurazioni. Ad ogni periodo di ripartizioni, il capitale da dividersi fra coloro che vogliono garantire contro la eventualità della sorte la vita propria e quella dei loro cari, cresce ed anzi si raddoppia con una regolarità cronometrica. Nel decennio dal 1868 al 1878 l'utile netto da darsi agli assicurati fu di 3.740.000 lire, nel decennio seguente, cioè dal 1878 al 1888, fu di 7.300.000 lire.

L'ammirazione che naturalmente suscitano queste cifre, come non determinerebbe il cuore dell'uomo operoso e previdente ad approfittarne per garantire la propria famiglia contro i pericoli che l'ignoto avvenire sempre minaccia?

Vantaggi speciali poi offre la *Gresham* pei militari.

Gli ufficiali dell'esercito e della marina trovano mille noie nelle altre compagnie di assicurazione, e ciò per il motivo che la loro esistenza è considerata in permanente pericolo. La *Gresham* ha posto in vigore un sistema speciale, secondo il quale i premi pagabili per assicurazioni contratte da militari, sia dell'armata, sia dell'esercito, siano *fissi ed uniformi* per tutto il tempo pel quale è stabilito detto premio, e per tal guisa ogni rischio inerente alla professione di ufficiale sia coperto dal premio stesso.

Da ciò chiaramente si vede come la previdenza della *Gresham* abbracci ogni classe di cittadini.

La sua potenza finanziaria garantisce contro le eventualità della sorte l'industriale ed il banchiere, l'ufficiale ed il negoziante. Tutti coloro che amano fortemente e davvero i loro cari, che sentono i doveri della famiglia, a lei affidano la tranquillità della loro vecchiaia, la sicurezza delle persone loro dilette.

E Milano lavoratrice e previdente ha riconosciuto la validità di questo istituto e gli ha dato cittadinanza, continuamente approfittando della sua forza intesa al bene di tutti.

IL GRAN GIAPPONESE

Uno dei nomi più popolari a Milano è quello di Romolo Rituali, il proprietario dei grandiosi magazzini di giojelleria ed articoli giapponesi situati nell'ex palazzo Savonelli in piazza del Duomo, sull'angolo delle vie Torino e Orefici.

La vita fortunosa di questo simpatico commerciante non è un mistero per nessuno.

Nato in condizione oscura, a furia di lavoro, di intraprendenza, di perspicacia, ha saputo pian piano, tappa a tappa, conquistare un posto invidiabile nel mondo che produce e che guadagna.

Il buon Romolo — lo chiamano tutti così ed egli ne è giustamente fiero — può essere segnalato ad esempio di ciò che possa fare una gagliarda fibra di lavoratore congiunta ad una finezza di intelletto e ad un tatto degli affari assolutamente superiori.

I suoi grandi magazzini sono attualmente l'oggetto della universale ammirazione. Non c'è forestiero che, capitato nella popolosa metropoli lombarda, si astenga dal fare una visita a quel magnifico locale, dove si accoglie una vera profusione di oggetti d'arte e di lusso, permanente esposizione di tutto quanto di raffinato e di meraviglioso produce l'ancor misterioso paese del Mikado.

Bisogna esser stati un'oretta in quei magazzini, in mezzo a quella colluvie affascinante di ceramiche, di bronzi, di lacche, di capolavori di decorazione e di ricercatezza casalinga — a quella popolazione svariata e multicolore di oggetti per ogni capriccio e per ogni borsa — a quel tesoro di poesia asiatica, dal carattere così originale e così luminoso... per formarsi un concetto approssimativo dell'importanza commerciale ed estetica che sui costumi nostri e sul nostro gusto ha in oggi la produzione del Giappone, ormai acclimatatasi a tutte le esigenze della civiltà europea.

Il Rituali ha il vanto indiscutibile di aver democratizzato fra noi un genere di prodotti che, fino a non molti anni addietro, era patrimonio esclusivo di pochi eletti, per la difficoltà enorme del traffico e per la elevatezza dei prezzi di vendita.

Egli ha saputo dare uno slancio enorme agli articoli usciti dalle mani dei più sapienti e geniali artefici di quell'Impero che l'Oceano boreale circonda dell'azzurro delle sue acque e che gli indigeni chiamano Tang-hou, cioè *magazzino del sole.*

Ah, che l'appellativo è bene appropriato a quella meravigliosa contrada, dove la poesia dei colori si sposa all'idealità delle forme, dove l'estro del sognatore si circonfonde col sentimento della natura, dove da ogni creazione d'arte emana un profumo sottile ed invincibile di nobiltà, di bellezza !...

I magazzini del buon Romolo, sotto questo aspetto, più che una arida e mercantile mostra di oggetti in vendita, meritano di essere considerati come un vero museo di opere d'arte, che ogni persona colta può visitare con profitto intellettuale, con intendimenti assolutamente superiori alla semplice ragione commerciale.

Rituali, del resto, non deve ancora aver chiuso il ciclo delle sue fortunate iniziative. Da lui, dalla sua attività, dalla sua esperienza, la nostra Milano può ancora aspettare altre forti e grandiose imprese, che ridondino ad onore del ceto laborioso cui egli appartiene.

Sappiamo — a questo proposito — che il Rituali ha intenzione di fare prossimamente un viaggio al Giappone, il paese ch'egli ha tanto contribuito a far conoscere ed apprezzare dagli italiani nel rapporto dell'arte e dell'industria.

Niun dubbio che da tale escursione egli ritrarrà nuove idee, nuove ispirazioni, nuove energie.

E noi gli auguriamo cordialmente un propizio e fecondo viaggio, ed un ritorno vittorioso, tale che aggiunga al suo nome — già così chiaro nel mondo commerciale e così benedetto nel mondo della beneficenza milanese — una nuova fronda di più, a conforto dei molti che gli vogliono bene. Fra i quali — ed egli lo sa — noi ci siamo.

GOMMA E " GOMMEUX „

Brrrr!... Sapristi!! che stillicidio, che fango, che paturnia nel cielo e negli uomini!...

Sull'acciottolato non si profilano che gonnelle a-bilmente *retroussées*, e grossi scarponi impillacche-rati.

L'aere è grigio come la barba del principe Tri-vulzio, e la pioggia

> . . . . . stende immense striscie
> Come sbarre di carcere.

A rigore, in questa giornataccia d'inferno, non ci sono più a Milano quattrocentomila anime, ma quattrocentomila ombrelli.

Cioè, rettifico. L'ombrello, questo arnese discre-tamente grottesco e sufficientemente incomodo, va sempre più declinando nelle abitudini della popo-lazione, e non è lontano il giorno che scomparirà affatto. L'unico campione preistorico sarà conservato dall'ex maggior Cappa, quello delle *Memorie*.

Il nemico irreconciliabile e fatale del tradizionale parapioggia è l'*impermeabile*.

Ormai gli uomini eleganti, i giovanotti *gommeux* che aspirano tanto a passare per compatriotti di ord Byron e le nobili signore che vorrebbero tutte essere sorelle di latte colla principessa di Galles, hanno adottato l'*impermeabile*.

Cosa volete di più vago d'una donnina tutta rinchiusa in un *lonsdale*, o in un *colleen* o in un *fife*, dalle pieghe delicate e flessuose, che sapientemente celano la loro adamàntina resistenza a tutte le furie delle cateratte celestiali, a tutte le liquide improntitudini di Giove pluvio?

E cosa volete di più estetico, di più comodo, di più *sans gêne*, per un uomo, che deve andare attorno per gli affari suoi, che non vuole impicci e che non vuole inzupparsi — cosa volete,. ripeto, di meglio d'uno di quegli splendidi *ulsters*, o *chesterfields*, o *carnavons* che potete acquistare dall'**Halphen**, il più gran distributore di impermeabili di ultima novità che ci sia a Milano?

La ditta **Halphen & C.**, che ha casa di vendita all'ingrosso in via Brera, 11, tiene il suo negozio in via Carlo Alberto, n. 2, con un ricco assortimento di specialità in articoli di gomma elastica e guttaperca, articoli per chirurgia ed industrie, tele impermeabili d'ogni qualità per ospedali, mercerie e giocattoli d'ogni genere.

È certissimo che se al tempo di Noè ci fossero stati gli impermeabili dell'**Halphen**, quel venerando patriarca non avrebbe consumato tanti anni nella costruzione dell'Arca.

Un buon *inverness-pipistrello* sulle spalle, e si potevano sfidare — pipando tranquillamente — i quaranta giorni e le quaranta notti di pioggia torrenziale che allagarono il mondo !

PELECANUS ONOCROTALUS

ACROCEPHALUS PALUSTRIS

Di zoologia, o signori, io non me ne intendo. L'ho appena studiata in un dizionario-enciclopedico, che al vocabolo *oca* diceva: «È un animale simile all'anitra» e andando a cercare *anitra* si leggeva: « È un animale simile all'oca ».

Dopo di che la vostra erudizione in materia di palmipedi poteva sfidare Buffon, Cuvier e Linneo come se niente fosse.

È impossibile però avere anche una tenue passione per la scienza naturale, e non provare una lieta meraviglia entrando in quel cenacolo della fauna imbalsamata che è in Galleria Vittorio Emanuele, 84-86, di proprietà dell'Enrico Bonomi.

. Per un momento, là dentro, c'è da credersi trasportati in una fantastica foresta brasiliana, quando pure, dando occhio a certe zanne acuminate, a certe gole da cui pare debba uscire un'urlante minaccia non abbiate la fugace illusione di trovarvi nel serraglio Bidel.

Enrico Bonomi è un naturalista preparatore, che deve avere scoperto il segreto dell'antica Iside, sotto l'egida della quale i re dell'epoca faraonica tramandavano le proprie salme alla posterità. L'imbalsamazione egizia che ci trasmise intatte e profumate le mummie sesóstree, rivive oggi più geniale, più estetica e più sapiente nelle vetrine del Bonomi.

Tutte le specie variopinte e delicate dell'ornitologia, tutti i campioni più rari che la passione venatoria possa desiderare di veder rivivere sopra una mensola, nell'angolo di un terrazzo o d'un giardino, sotto una lucida campana di cristallo o pensilmente librato dal ricco soffitto d'una sala; tutto il mondo piumato e velloso, dai più teneri cantori delle fronde ai più terribili trogloditi delle foreste vergini, tutto trova — nel laboratorio zoologico del Bonomi — la risurrezione della fauna, la ricostruzione organica ed estetica così abilmente rievocata, così durabilmente espressa, da sfidare ogni paragone colla natura viva.

Il Bonomi, d'altronde, non si limita ad essere un preparatore eminente: egli porta nei suoi lavori un sentimento d'arte finissimo, che è facile constatare ogni giorno facendo una fermatina dinanzi alle sue bacheche.

Egli sa creare, coi suoi animali morti, dei gruppi d'una armonia e di una grazia assolutamente pittorica: qua un colibrì spulezzante fra le frondi, là un intreccio di candidissime colombe che paiono tubare il perfetto amore, altrove la irsuta testa d'un cinghiale che sembra si stani dal suo covo: è non soltanto la conservazione della forma, ma è la continuazione della vita che si presenta all'osservatore: ed in questo genere inventivo il Bonomi non ha, credo, rivali.

Coll'aiuto del figlio Piero si racchiude nel proprio laboratorio, situato in un vasto ed arieggiato solaio, che trovasi al livello della grande tettoia della galleria Vittorio Emanuele. Lassù, a quell'altezza, degna delle aquile che il Bonomi imbalsama, avvi un vero museo di palmipedi d'ogni ordine, specie e famiglia; dal minuscolo canerino al maestoso struzzo, dall'innocua tortora al rapace avoltoio o sparviero. Ogni angolo è occupato da dei lamellirostri, totipalmi, longipenni, trampolieri, fagianidi e rampicanti; ogni parete è ornata di lunghi palchetti sui quali trovansi rettili d'ogni sorta, come ofidi, sauri, anfibi e batraci; in larghe vetrine intere collezioni d'insetti: lepidotteri, farfalle, imenotteri, coleotteri, ecc. — Fino il soffitto è occupato; da esso pendono giù teste di camaleonti, rinoceronti e coccodrilli. Il laboratorio infine di Bonomi è un vero arsenale del genere, degno di essere visitato, quantunque una splendida fotografia che il Bonomi regala ai suoi clienti dia l'esatto e dettagliato panorama, dirò così, di quella galleria del regno animale. Ogni giorno da quel laboratorio partono, alla volta delle più lontane regioni, artistici lavori d'una finitezza incomparabile. Bonomi, geloso dell'opera sua così delicata, ne accudisce con la massima attenzione l'imballaggio, tanto che i fragili gruppi, siano pure di gran mole, giungono a destinazione in condizioni perfettissime.

Dopo quanto si è detto, sarebbe un vero pleonasmo trattenersi sulla estensione di affari che questo laboratorio zootecnico compie, tanto nel regno quanto all'estero.

Basti accennare, così *en passant,* che il Bonomi ha guadagnato due medaglie d'oro alle Esposizioni nazionali del 1881 e 1884, oltre a non pochi diplomi di merito ed attestati dell'estero, e che al suo stabilimento la Casa reale affida i lavori considerati di maggior importanza e di più difficile esecuzione.

Presso il Bonomi trovasi il deposito completo delle fotografie alpine del noto Vittorio Sella di Biella, oltre un ricco assortimento di vedute artistiche di tutta Italia e di fuori. Il figlio Piero Bonomi, eccellente poliglotta, disbriga pure in negozio il fantastico americano e la snella *miss* inglese, il positivo teutono come la leggiera mam'zelle francese

BEATI I PRIMI....

Non avete mai pensato alle stranezze delle parole?

Si dice *casa di salute* ad un edificio pieno di ammalati; si chiamano *bassi* certi cantanti che, come il Navarrini, misurano oltre due metri di elevazione; si dice *farsi la barba* il portare via dal mento fin l'ultimo pelo; si qualifica per *buona società* quella che lavora meno e che ha per conseguenza i maggiori vizi; e, per finirla, si dà del *giovane di studio* a un povero diavolo di copista che abbia cinquanta lire al mese e altrettanti anni sulle spalle.

Non meno ridicola è la nota sentenza che, basandosi sulla discrezione del prossimo, proclama *beati gli ultimi.*

Un torcicollo che vi pigli! Io per me affermo che ad arrivare ultimo mi son sempre trovato malissimo, ho sempre fatto la figura barbina del Gambastorta.

No, no, ragazzi miei! Credete ad un pozzo di esperienza. Beati i primi, perchè su essi non prevarrà l'egoismo del mondo. Beati coloro che arrivano primi al teatro, al *restaurant*, al *tramway* a vapore, e magari al primo estratto nel giuoco del lotto! I primogeniti hanno avuto sempre una supremazia sui cadetti. Le primizie nell'arte culinaria sono le più gradite e le più costose. I primi all'esame scolastico, al tiro a segno, alle corse, vincono i *primi* premî. Il *primo* amore è il più seducente, il *primo* duello è il più emozionante, la *prima* comunione è la più indimenticabile!

Che dirvi altro? È stato scelto il *primo* maggio come data ricorrente della grande manifestazione fra i lavoratori di tutto il mondo.

Senza contare che Napoleone I vale certo più di Napoleone III e che un *primo* tenore assoluto è molto superiore ad un comprimario.

Dunque: — Beati i primi, e, fra i primi, beato il cav. Beati!

Quest'uomo, benchè sia appena di mezza età, può dirsi uno dei veterani del corso Vittorio Emanuele. La sua fiorente casa in maglierie di seta, lana e cotone conta un trentennio di vita.

Il bel negozio di Enrico Beati, sito sul corso all'angolo via S. Paolo, 1, ha sfidato molte concorrenze, ha veduto molti tracolli, molte trasformazioni, molte vicende commerciali compiersi in quella superba arteria di Milano, che è l'ambizione e spesso la croce di tanti spiriti sitibondi del successo rapidamente conquistato.

Non è possibile negare al **cav.** Beati il merito di aver dato, col suo modesto ma intelligente e coscienzioso lavoro, un vigoroso impulso ad una industria, la quale — per l'Italia — ha nella nostra città la sede più antica e ragguardevole.

Il Beati ha fatto e ripetuto diligentemente un visibilio di studî comparativi, di tentativi tecnici; ha viaggiato, ha innovato, ha trasfuso sangue rigoglioso nell'organismo della sua industria; approfittando di tutti gli insegnamenti della lavorazione estera, giovandosi di tutte le novità meccaniche introdotte man mano nella fabbricazione dei tessuti, secondo le esigenze mutabili del lusso e della moda.

E, sotto la sua attiva e acuta direzione, allo stabilimento non poteva mancare uno sviluppo progrediente ed una congrua fortuna.

La clientela della ditta Beati abbraccia tutte le gradazioni sociali, poichè fornisce prodotti per tutte le borse.

Dalle succinte magliette in lana e in cotone alle elegantissime lavorazioni in seta, c'è tutta una scala di Giacobbe che si protende attraverso alla più ricca varietà di articoli: c'è tutto un biribissaio di felpati, di mussoline, di flanelle, di calze, di camicie, di bretelle, di panciotti, di guanti, ecc., nel quale può sbizzarrire i suoi desiderî tanto una duchessa che una crestaina, tanto un giovane *luisant* dell'aristocrazia quanto uno studentello od un impiegatuccio dalla borsa mingherlina.

Del resto — lo dico qui nel segreto della pubblicità — il cav. Beati gode specialmente le simpatie riconoscenti del nostro mondo femminile, che egli fornisce di tanta grazia di Dio.... Le altiere dame dell'aristocrazia, le loro rivali dell'alta borghesia esigente e spendereccia, amano il benemerito industriale che ha sempre in pronto *le dernier cri* della moda, in ciò che nella donna precisamente è del maggiore rilievo: — come il corredo delle calze, delle maglie, dei mille fabbisogno d'una toeletta destinata a far spiccare le bellezze naturali d'una figlia d'Eva.

Anche S. M. la regina Margherita ricorre al Beati per frequenti ordinazioni, sapendo che la qualità dei suoi prodotti non temono il paragone delle marche forestiere, e volendo associare al buon gusto negli acquisti una intelligente tutela del lavoro nazionale.

Un ultimo particolare. Enrico Beati è proprietario di case. Egli rappresenta la glorificazione del celebre aforisma di Bismarck: — *Beati.... possidentes!*

A ZERO GRADI

Quando il mercurio è in ribasso come una rendita turca, quando la città nostra sembra un sobborgo di quella terribile terra che è l'Esquimesia — la patria delle foche e dei capidogli — quando tutto è gelo intorno a voi — dalla bottiglia d'acqua che avete sulla mensola alla punta del naso che spunta dal vostro bavero rialzato, dal marciapiede della strada al laghetto artificiale dei giardini pubblici; quando la bruma fitta e nauseante accieca l'umanità come suole acciecare la collera, e che tutte le fibre dell'organismo vivente tremano sotto i morsi del sotto zero come se fossero sotto l'incubo d'un terrore inesprimibile — allora, amici lettori, il pensiero corre bramoso al caldo regno delle pelliccie che nel magazzino dei signori Gattinoni e Bassis, successori di G. Porro, in galleria Vittorio Emanuele, con ingresso in via Silvio Pellico n. 6, rappresentano in mezzo al gelido impero dell'inverno il preservativo più dolce e più accarezzante,

la più tenera, calda, impenetrabile difesa della carne
e dell'anima agli assalti crudeli della stagione je-
male.

In quel magazzino dove le pelliccie più preziose
vengono confezionate sapientemente, tutte le nostre
signore dalla epidermide delicata e trasparente, tutti
i gentiluomini dalle abitudini opime ed esigenti,
possono trovare largamente di che sbizzarrirsi e
soddisfarsi.

Là le nostre dame della *hâule* si provvedono di
quelle mirabolanti pelliccie dai lucidi e strani ri-
flessi micàcei, prodotti della fauna d'ogni paese e
d'ogni meridiano, dalle forme assolutamente impen-
sate — tenui come lane, pure e avvolgenti come
veli di garza, tessuti tiepidi e voluttuosi che danno
alla persona l'eleganza statuaria e serbano al sangue
una dolcezza primaverile deliziosa....

È da Gattinoni e Bassis che pigliano quelle loro
spettacolose pelliccie i nostri *viveurs* che temono
il freddo come tante lucertole e che senza il tenero
peluscio sulle spalle basirebbero di *grippe* ogni
ventiquattr'ore.

È da Gattinoni e Bassis che escono quei mirabili
mantelli che dal color bigio vanno al tabacco di
Spagna, dal tortora al maiz e al grano maturo, dal-
l'azzurrigno pallido al color avorio — quei grandi
e maestosi mantelli che pompeggiano sugli omeri
superbi delle nostre signore, nelle vetture padronali,
nei palchetti della Scala, nei *garden party* dei
parchi, alla caccia, ai balli, in tutti i ritrovi della
moda.

A proposito di pelliccie, ricordate voi la spiritosa
definizione di *Yorich?*

— Che cosa è una pelliccia?

— È una pelle che ha cambiato bestia.

O creature sensibili, o anime tremebonde, o vanità che volete fare impressione, o bellezze che volete trionfare, o ambiziosi che volete conquidere.... non dimenticate che a Milano chi dà il calore nel più acuto inverno, chi dà il benessere, la imperturbabilità, la serenità delle fibre, dei sensi e dello spirito in mezzo ai nudi e neri paesaggi nevosi è la ditta Gattinoni e Bassis e che le sue possenti pelliccie possono sfidare impunemente i ghiacciai eterni della Groenlandia come le rigide altezze dell'Himalaja!

TIC-TAC

Caro piccolo *Waterbury,* testimonio e misura-
tore delle mie ore liete, compagno fedele delle ore
melanconiche, il tuo *tic-tac* mi richiama tante im-
magini dileguate, mi rievoca tante ricordanze semi-
spente....

Non so perchè, ma quando fisso il tuo quadrante
romano, e la tua piccola cassa brunita sembra pal-
pitare appassionatamente nell'alveolo della mia mano,
ed il movimento automatico delle tue sfere segna
inesorabile il declino della mia giovinezza, delle
mie fedi, delle mie illusioni.... non so perchè, o minuscolo cronometro americano, la mia fronte si vela
come d'una leggiera nube di tristezza....

Ahi, che il tuo *tic-tac* è troppo spesso rimprovero
e rimorso, e la tua marcia roteante, o *Waterbury,*
si trascina dietro le tentazioni ed i peccati, il valore e la bellezza, la viltà e l'eroismo, lo sconforto
e l'entusiasmo, tutto quanto, in una parola, costituisce la settimana della vita!

Il tuo *tic·tac* ricorda a me il *Quotidie mortor* di san Paolo. Il tuo *tic-tac* è la parafrasi meccanica di quel *Vanitas vanitatum* che copriva di cilicio gli anacoreti e strappava a Leopardi la lirica più tetra che esista nel Parnaso italiano.

O *Waterbury*, cronometro dai meriti inconfutabili e dal prezzo così modesto, io voglio qui stabilire, brevemente, il tuo stato di famiglia, per far condividere al lettore la mia ammirazione per te.

D'una semplicità meravigliosa tu uguagli, o *Waterbury*, dal lato della precisione i cronometri più costosi. La tua patria, la tua culla, che è l'officina di Waterbury negli Stati Uniti, tutti sanno essere la più rinomata del Nuovo Mondo in codesto ramo d'industria che produce, giornalmente 2000 orologi.

***

In quell'officina colossale tutto o quasi tutto è fatto per opera di macchine automatiche di una delicatezza di precisione creduta impossibile fino ad oggi.

Allorquando gli orologi sono terminati nell'officina, passano all'ufficio di assaggio, di esperimento e di correzione.

Durante sei giorni li dispongono in tutti i sensi, orizzontalmente e verticalmente. E allorchè giungono nei depositi di Londra, Parigi, Bruxelles, Milano, ecc., essi vengono nuovamente sottoposti ad un regolamento di tre giorni.

L'orologio è messo con eleganza in una scatola foderata di *salin*, e può essere spedito per posta senza che corra rischio alcuno.

La ditta li garantisce per due anni — e questa è la miglior prova della loro bontà eccezionale.

Agente generale per l'Italia della Compagnia per la vendita degli orologi *Waterbury* è il signor E. Cortesi, con agenzia in Milano, galleria Vittorio Emanuele, 26.

Il signor Cortesi tiene anche nella propria agenzia un deposito di gioielleria coi rinomati brillanti *Excelsior*, oltre ad un grandioso assortimento di orologi d'ogni qualità e modello, sveglie, pendole, regolatori e via dicendo.

*
* *

Tic-tac, tic-tac — a chi apparterranno domani quegli orologi così graziosi e perfetti? Vicino a quali cuori, angosciati o felici, accorderanno essi i loro battiti? Tra le pieghe d'un corsetto di bella donna, nel taschino d'un adolescente, sul ventre sferoidale e superbo d'un banchiere?

Segneranno ore d'amore, di passione, oppure veglie tarde, ministre di male, di dolore?...

Tic-tac, tic-tac.... Piccoli *Waterbury*, è inutile interrogare il vostro quadrante di smalto.

Invano vi si chiede di vaticinare il segreto della vita, come di arrestare il corso del tempo nelle liete ore fuggenti.

Il vostro *tic-tac* si mantiene freddo ed uguale anche nelle ore in cui il bieco passato, il dubbioso avvenire spariscono davanti alla divina ebbrezza presente!

UN NOME LEGGENDARIO

Come a Parigi c'è l'ora dell'*absinthe* e a Torino l'ora del *vermouth*, a Milano c'è l'ora del Campari, in Galleria.

Non saremo certamente noi che sciuperemo Dante tirandone in iscena i famosi versi sull'*ora che volge al desio*. Diremo solo che quando il tramonto ravvolge nella meravigliosa sua garza dorata le guglie del Duomo, e le piazze, e le vie della città sono invase dalla densissima corrente di professionisti, di commercianti che s'avviano alle loro abitazioni, o ai restaurants per pranzare, pare quasi indispensabile per tutti coloro che attraversano i portici e la galleria di fare sosta al Campari.

In questa città dove i caffè, le bottiglierie, le *buvettes* sono innumerevoli, un esercizio diede il suo nome alla più radicalmente stabilita delle abitudini nella società moderna: quella di eccitare l'appetito, di rafforzare l'organismo debilitato dalle fatiche della giornata con un *aperitif*, un tonico, un corroborante liquore qualsiasi.

Questo solo fatto basta a dare un'idea dell'importanza che ha in Milano la bottiglieria Campari.

Ma c'è di più.

Gran parte dei liquoristi milanesi, quando vogliono parlare del loro tirocinio nell'arte, dicono con orgoglio: « Sono allievo del Campari. » Questo nome adunque segna non solo un esercizio fortunato, ma una scuola modello.

Il Campari fondatore di questo esercizio è morto: la ditta è tenuta dai figli e dalla vedova, ma non è mai venuta meno alle sue tradizioni; anzi non cessò mai di migliorare, ed ora il negozio è senza dubbio il più splendido *comptoir* di liquori che ci sia in Milano.

Ultimamente il locale fu rimesso a nuovo; le decorazioni, gli specchi, le giardiniere ne fanno un incantevole salone, ove tutto ciò che l'arte seppe escogitare per rendere incantevole un tempio di Bacco, ivi trovasi riunito.

La rinomanza dei liquori-specialità della ditta cresce sempre più. Il *Cordial Campari* ed il *Bitter Campari* sono forse gli unici prodotti italiani che vincano per la squisita loro bontà i raffinati liquori francesi.

PER VOI, SIGNORE!

Il cervello (sia pure di Milano) sta rinchiuso nella testa, ed è sulla testa che si mettono i cappelli....

Dunque il parlare, in questo libro, di Emilio Ghezzi e del suo magnifico negozio di cappelli femminili, è di rigore.

Fra le molte bellissime vetrine che magnetizzano i passanti sotto i portici settentrionali di piazza del Duomo, quelle del simpatico signor Emilio si distinguono a prima vista, per il lusso, la grazia, la doviziosa appariscenza degli oggetti esposti.

Quante foggie, quanti colori, quante sfumature, quante seduzioni!...

Là, sull'angolo del palazzo Thonet, davanti a quei cristalli tentatori, le nostre signore e signorine fanno delle lunghe soste cogitabonde.

I loro occhi analizzano con le più cupide aspirazioni quei tesori della bellezza e provano tutta la acuta suggestione del desiderio e della conquista.

Il Ghezzi, a Milano, non **ha** rivali in fatto di

copricapi muliebri. Le ultime novità esotiche non
mancano mai di fare la loro pomposa apparizione
nelle sue vetrine, che presso il nostro mondo femminile sono come a dire la bibbia della moda e del
buon gusto.

I campioni più bizzarri e ideali, destinati alle gra-
ziose testine delle nostre dame, dispiegano dietro a
quei cristalli le loro malie irresistibili.

Mie belle signore, ricordatevelo. Nulla vi renderà
mai così irresistibili come un cappellino acquistato
dal grande Emilio.

Anzi, giova rammentare qui una nota che trovammo nel secondo volume del *Ventre di Milano*,
riguardante il signor Ghezzi, la cui discendenza
risale a nobile famiglia milanese.

Trascriviamo dal detto volume il cenno seguente:

« Giorgio Ghezzi sposò nel 1552 la signora Ve-
ronica Pirovano di nobilissima famiglia milanese.
Moriva nel 1560 e lasciava la sua pingue sostanza
a' suoi figli Andrea, Matteo, Giambattista e Barto-
lomeo.

« Il solo superstite di questi fratelli fu Giambattista da cui discende il nostro Emilio. Quel suo
bisarcavolo aveva ereditato dai fratelli senza prole
più di mezzo milione ed era uno dei più attivi ne-
gozianti del XVI secolo.

« Pochi uomini sono più attivi e amanti del de-
coro di Milano, di Emilio Ghezzi. Quando si tratta
di lavorare gratuitamente e di spendere denaro per
fare onore alla patria, siete certi di trovare Emilio
Ghezzi primo fra i primi. »

DUE SECOLI NELL'ORO

Siate accorte nella scelta dei vostri gioielli, o vaghe signore, poichè anche i gioielli si adattano ad un genere di bellezza piuttosto che ad un altro,

Vi è il diamante, per esempio, che col suo fulgore iridato diventa di un magico effetto fra i capelli d'una bruna, o come diadema sulla fronte superba d'una di quelle donne che sembrano fatte per regnare.

Si dice che, prima ad ornarsene la capigliatura, fosse Agnese Sorel, la *dame de beauté*, la favorita di Carlo VII, che cercava di rianimare il coraggio nell'animo troppo fiacco del re.

Una tradizione storica l'ha, fra di noi, la ditta Cazzaniga, la cui casa, fondata nel 1700 da Carlo Cazzaniga, e continuata dai successori Giuseppe, Angelo e Antonio, è arrivata attraverso due secoli di lavoro sino ad oggi, in cui è abilmente diretta dai fratelli Arturo e Adolfo, figli di Antonio Cazzaniga.

È un vero atavismo aurifero che presiede alle
sorti di questa casa, che nel 1889 e dopo di aver
esercitato per moltissimi anni il commercio delle
gioiellerie senza tenere aperto alcun negozio — si
installò in galleria Vittorio Emanuele, nn. 70-72,
nel bel locale prima occupato da Carlo Erba.

Dal 1700 al 1815, però, i Cazzaniga tennero negozio in via Orefici, e vi ha tuttora una *fattura* di
commercio che dice testualmente così:

« Carlo Cazzaniga, orefice in Milano, al segno
dell'*Alabardiere* venendo dalla parte dei Pennac-
chiari, la terza bottega a mano sinistra, entrando
nella contrada degli Orefici. »

E quest'insegna dell'*Alabardiere* è tutt'oggi cu-
stodita insieme al ponzone della fabbrica, nel quale,
come marca della casa, è inciso l'alabardiere stesso.

I fratelli Cazzaniga, fedeli alle tradizioni della
famiglia, continuano con passione questa vecchia
e nobile arte dell'orafo, alla quale l'Italia deve
pure una parte così cospicua della fama estetica
procacciatasi nei secoli scorsi.

La fabbrica di gioiellerie ed oreficerie dei Cazzaniga ha mandato e manda, in tutta la penisola
nostra e all'estero, dei mirabili campioni della sua
geniale produzione; la novità e la fantasia, queste
due muse della mitologia contemporanea, hanno
costantemente nelle vetrine del negozio Cazzaniga
il loro tabernacolo più ammirato.

Quante occhiate incandescenti, quanti sospiri di
desiderio, quanti sogni, quanti rimpianti, quante
tentazioni insidiose, là, davanti a quella esposizione
permanente della ricchezza!

Ecco i diamanti, queste pietre diafane ed ardenti che sembra abbiano rubato al sole i suoi raggi.

Ecco le perle iridescenti, i rubini, quelle gemme che ripercuotono una tinta sola del prisma, quelle gemme che presso i Mori sono un talismano che fortifica il cuore.

Ecco gli zaffiri e gli smeraldi, le gemme delle donne bionde. Le trasparenze azzurre o verdastre di tali pietre fanno pensare ai cieli d'Oriente, ai laghi montani, e danno risalto all'oro dei capegli, alla bianchezza della carnagione.

O signore mie! Come è vero che Maria Antonietta aveva nel suo scrigno la più preziosa raccolta di rubini, voi avete, fra le vostre labbra, le più belle raccolte di *perle* che esistano, e le *turchine* dei vostri occhi sorridenti sfidano ogni paragone.

Eppure ciò non vi basta. Poichè nei vostri sogni, in mezzo alle *gioie* della famiglia, quelle esposte nelle vetrine dei fratelli Cazzaniga — non negatelo! — esercitano sulla fantasia vostra di bella donna un fascino allettatore, una seduzione irresistibile....

IL PALAZZO DI MOMUS

Non confondetevi colla mitologia pagana. Il dio Momo non esiste più che nelle citazioni dei classici e negli affreschi dei pittori preraffaellisti. Ciò che noi chiamiamo, col tropo olimpico di *palazzo di Momus*, è l'*Hôtel Rebecchino*, l'epulonico edificio che l'architetto Paolo Tornaghi ha rifatto sulle vestigia dell'antico palazzo di polizia austriaca, in via Santa Margherita.

Il Rebecchino! Di dove viene questo nome? La ermeneutica contemporanea ha sudato parecchio camicie di batista per giungere a strappare il segreto originario di questo nome così bizzarro. Deliesques ha detto che tale fu il nome d'una famiglia che possedeva numerosi stabili in una via che si chiamò appunto *via del Rebecchino* in omaggio alla famiglia stessa. Notate che ciò risale al 1695, vale a dire ad una serie di anni molto rispettabile e che rende assai difficile lo stabilire una genealogia esatta in tale materia.

È la storia dell'uovo e della gallina, che ha finito per mandare al manicomio molti insigni pensatori, i quali volevano dilucidare il problema della pre-esistenza.

Ciò che è certo e inoppugnabile, è questo. Che attraverso a una leggendaria esistenza di secoli, l'*albergo Rebecchino* — dai suoi primissimi àbavi che furono Francesco Vigo, detto il *Pensino,* Mario Bosso e Pietro Paolo Bottino — a venir sino al vivente e prosperante signor Angelo Alberti, ha tenuto alta nella Milano nostra la rinomanza della ospitalità simpatica, e della eccellenza sovrana nella formidabile scienza di Grimaud de la Reinière, di Vatel e di Brillat-Savarin.

L'*Hôtel Rebecchino* si compone di un'ottantina di camere, con sale da bagno, d'un magnifico salone in stile bisantino, di un altro salone pompeiano per i simposii di gala, di un terzo vasto salone anch'esso pompeiano per il servizio di *réstaurant,* di un *fumoir* e di una sala di lettura.

Il vestibolo, l'anticamera, la grande scalinata, ecc., sono decorati di affreschi di pregio e di pitture a tempera: e le lampade per l'illuminazione elettrica, gli apparecchi a gas, le specchiere, tutti insomma gli accessori armonizzano scrupolosamente collo stile generale dell'ambiente.

La ricca cantina di questo albergo, poi, è un vero tempio di Bacco — i prodotti più classici e venerabili delle vigne di Francia e di Germania, senza parlare dell'Italia nostra, hanno condensato là dentro ciò che sarebbe sufficiente a.... far perdere l'equilibrio a mezza la popolazione di Milano, senza esagerazione.

Qualche noterella storica per finire. L'inaugurazione dell'*Hôtel* nella sua condizione attuale ebbe luogo, con grande pompa, nel 1873. Nel maggio del 1874 l'illustre Ponchielli vi fece il suo banchetto nuziale, quando s'impalmò colla signora Brambilla, onore del teatro lirico nazionale. Nei saloni del *Rebecchino* si diedero il *rendez-vous* per banchetti e per balli le più alte notabilità politiche e aristocratiche, in ogni avvenimento in cui Milano chiamasse nelle sue mura ospitali il mondo *viveur* delle città sorelle.

Ed anche l'*élite* del teatro, le stelle di prima grandezza e le gole di cui ogni nota è quotata migliaia di lire, hanno prediletto sempre il *Rebecchino*, per lo *chic* dell'ambiente, per la distinzione della clientela che lo frequenta, per il *comfort* che presiede a tutti i servizi di quel potente organismo, con tanto buon gusto e con tanta signorilità di modi diretto dall'attuale proprietario — degno veramente di essere chiamato il gran sacerdote di questo *tempio di Momus*, dallo storico passato e dall'avvenire sempre più promettente!

UN SALVATORE DEL BEL SESSO

È il buon Gigi Oriani, che ha il suo veramente benemerito negozio in Galleria Vittorio Emanuele, 16.

Non vogliamo parlar qui delle sue note specialità in corredi da spose e da ragazzi, nel qual genere lo stabilimento industriale dell'Oriani si è acquistato un nome invidiabile.

Ciò che in una pubblicazione come la nostra merita di tenere un posto onorevole e distinto è un'altra specialità dell'Oriani, che gli ha conciliato le simpatie riconoscenti del mondo femminile: — alludiamo, si capisce, ai *busti igienici a maglia, in colone* e ai non meno meravigliosi *busti conformatori*.

I primi — così pratici, così elastici e porosi — fabbricati con cotoni filati appositamente e preparati con sostanze chimiche, pur dando al corpo le volute forme ed il necessario sostegno, non opprimono gli organi respiratori e permettono qualunque libera mossa. I primari medici raccomandano caldamente l'uso di questi busti, perchè si sa di quanti

mali sono fomite quei terribili cilizî di cui le nostre
donne si circondano per fare il vitino d'ape.

La tubercolosi meningea e intestinale è spesso
il castigo che viene a colpire tante signore le quali
non si attengono, nell'uso del busto, ai consigli
della scienza sanitaria, perchè i polmoni respirino
liberamente, lo stomaco digerisca senza spasimo e
l'utero non abbia lesioni.

Donnine che volete avere sulle gote il vermiglio
naturale, anzichè quello sanguigno di chi non può
digerire, o il pallore malaticcio degli anemici per
privazione di nutrimento — ricordatevi che il busto
igienico a maglia vi renderà più belle, perchè vi
conserverà più sane.

Credete pure: se la Venere di Milo avesse portato
il busto, essa non si sarebbe acconciata che a uno
dei busti di Gigi Oriani.

E ciò che si è detto per voi, amabili signore, va
ripetuto pei vostri ragazzi esili di salute, il cui
petto abbia limitato sviluppo, o accenni a pieghe
difettose nelle vertebre.

L'Oriani ha, per tali casi, il busto conformatore
dello stomaco, d'una semplicità e leggierezza di
struttura ammirabile, e che non ha proprio nulla
di comune con certe bretelle e spalliere le quali,
basandosi su un principio diverso, non producono
alcun risultato serio.

Concludendo: — con questi suoi busti igienici il
buon Oriani merita che la posterità glie ne eriga
uno a lui, di marmo, magari in Campidoglio.

« BIBELOTS » SIGNORI!

Quella dei *bibelots* è una istituzione, comparativamente, moderna.

In altri tempi non si sarebbe pensato di popolare le mensole di bric-a-brac. Ora la febbre delle *chinoiseries* è giunta a tal segno da trasformare fino le scatolette di fiammiferi ed i ventagli da due soldi in *bibelots*.

Al sacramentale servizio da caffè, agli anti-estetici fiori di lana, che almeno due generazioni vedevano appassirsi e scolorarsi sotto le campane di vetro, ai soliti candelabri volgari, si è sostituito oggi il *bibelots:* i piccoli e graziosi gingilli incisi, smaltati, cesellati, di forma ed ornamenti tanto diversi che, mutando stile col mutare dei tempi, rimangono sempre ricercati, sempre eleganti.

Uno dei negozi che in tal genere hanno acquistato nella città nostra una rapida rinomanza è quello della ditta Urio e Previtali, sul principio del corso Vittorio Emanuele, vicino al frequentato Caffè-bar-Milano.

Il negozio dei signori Urio e Previtali, in fatto di novità parigine, di specialità artistiche in cornici, fermagli, portaritratti, scatolette, statuette, lavori in bronzo e porcellana, piccole ceramiche, piccoli intagli, cosuccie in cristallo, in argento, in ottone smaltato, *necessaires*, portamonete, portafogli, portasigari, album, e ricchissimo assortimento in oggetti adatti per lotterie, ecc., è un emporio artistico che arresta l'attenzione di tutti i passeggiatori del corso.

Le sue vetrine sono una esposizione permanente fra le più ammirate dagli intelligenti conoscitori ed accumulano in breve spazio dei veri tesori di valore artistico e di buon gusto.

I salotti milanesi della nostra migliore società devono gran parte della loro bizzarra e geniale ornamentazione ai *bibelots* della ditta Urio e Previtali.

STOCKER

Tra il Biffi, il teatro Manzoni e la Fiaschetteria toscana, brilla per maestosità ed eccentricità la Birraria e caffè ristorante di Savini Virgilio che, come il Virgilio mantovano famoso per le sue *bucoliche*, è famoso per i pranzi luculliani che in quell'aristocratico ritrovo vi si fanno.

La Birraria Stocker del Savini, collocata in una situazione eccezionalmente fortunata della Galleria Vittorio Emanuele, ha tutto il lusso d'un gran restaurant-caffè unito al *sans-géne* della birraria.

La sua clientela è costituita dalla vera *fine fleur* della cittadinanza e dallo *chic* dell'ufficialità di cavalleria e artiglieria.

Siccome Marte non sa disgiungersi da Venere, così anche le più belle *dee* dell'olimpo milanese prediligono e frequentano questo stabilimento.

La Birraria Savini è celebre per i *déjeuners* e per le cene alla moda, delle quali la nostra *jeunesse dorée* si gratifica ripetendo il classico *coronamur rosis,* ecc.

L'aspetto di quest'esercizio è d'una eleganza raffinata unita ad una grande semplicità nelle ornamentazioni.

Il servizio — *va sans dire* — è ottimo sotto ogni rapporto; son rinomati i suoi vini e la sua cucina. — Il proprietario ed i giovani gareggiano in cortesie verso gli avventori, che allettati dalle mille comodità che trovano, in breve si affezionano allo stabilimento e ne diventano assidui frequentatori.

FIASCHETTERIA TOSCANA

Ruberemmo il mestiere ai compilatori delle guide annuari, se dicessimo il numero delle fiaschetterie che trovansi in Milano. Invece facciamo notare questo fatto che, in questa città, quando si dice « alla Fiaschetteria » pare obbligatorio il dovere sottintendere la parola « *Toscana* » nonchè i nomi del suo fondatore « *Franzetti* » e degli attuali simpaticissimi proprietari, i signori Rovaris e Assetti.

Questa consuetudine dimostra come l'esercizio di cui parliamo sia in Milano la fiaschetteria prototipo, la fiaschetteria per antonomasia.

Eppure, dobbiamo dirlo a onore del vero, più che una vera fiaschetteria, questo negozio è un ristorante alla moda sì, ma eminentemente serio e prescelto dalla classe positiva e quanto mai distinta.

Quivi è il convegno delle più spiccate personalità militanti nel giornalismo politico e nel giornalismo artistico — è il centro degli uomini dell'alta finanza, dell'industria e del commercio milanese — il ritrovo di ricchi e di pensionati, d'artisti di grido e d'ingegni di fama.

L'impronta di questo locale, ove converge una clientela così speciale, è d'una severità che impone senza purtuttavia menomare nè la briosità dell'ambiente, nè la più schietta ma sempre corretta cordialità che ivi regna.

Rovaris e Aspetti, i due intelligenti e attivi soci proprietari, hanno, col loro perfetto *savoir faire,* mantenuto alla *Fiaschetteria Toscana* il tradizionale primato fra i *restaurants* eleganti.

Il personale di servizio, disciplinato e cortese, rispecchia fedelmente il tatto e la *gentilhommerie* della clientela, come rispecchia l'affabilità e la finezza dei due bravi proprietari.

Non è superfluo accennare che la scelta cucina e la squisita bontà dei vini costantemente serviti hanno creato alla *Fiaschetteria Toscana* una estesa quanto giusta rinomanza e notorietà.

La *Fiaschetteria* ha poi una vasta clientela, dirò così, esterna, che si provvede di vini toscani della premiata Casa Melini di Firenze, la quale ha da molti anni stabilito il deposito generale del suo eccellente e genuino Chianti presso questo locale, le cui cantine rigurgitano di alte piramidi di fiaschi e d'ogni altra sorta di prelibati vini forestieri in bottiglie.

Infine, poi alla *Fiaschetteria Toscana* non manca

la comodità dei salottini particolari per i gaudenti
che vogliono godersi in pace una succosa e squisita
cenetta senza la distrazione prodotta dal movimento che agita fino alle più inoltrate ore della
notte la simpatica e sontuosa *Fiaschetteria Toscana.*

BIFFI

Le grandi città furono paragonate a dei corpi umani. Come questi, esse hanno le loro estremità superiori e inferiori; hanno il cuore, il cervello, il ventre.

Il cuore di Milano è nella galleria Vittorio Emanuele. Ivi è il centro della vita lombarda; ivi il sangue provinciale e straniero si milanesizza, ivi si rinnova e si perpetua l'esistenza della città.

Nel bel mezzo di questo cuore c'è uno stabilimento che potrebbesi dire l'osservatorio, il regolatore, l'anima di Milano.

Esso è il Biffi.

È un caffè ristorante la cui notorietà equipara quella del Duomo. Il forastiere ne ha fatto il suo quartier generale in Lombardia. E il punto strategico non poteva essere scelto meglio.

Dal Biffi si vede passare Milano intera, gli oziosi e i lavoratori, i ricchi e i poveri, le grandi dame e le *filles de joie*, chi cerca una occupazione e chi potrebbe utilizzare l'attività d'un suo simile.

La forma stessa del caffè contribuisce ad ottenere simili risultati. Il salone terreno del Biffi occupa tutto un lato dell'ottagono e il fianco meridionale del braccio destro della galleria. Così allungato, questo grande osservatorio permette a chi in esso si insedia di studiare tutti i tipi della popolazione indigena e forastiera che fatalmente transitano per il cuore di Milano.

*
*　*

La sontuosità dello stabilimento, la relativa modicità dei prezzi delle consumazioni invitano tutti i ceti sociali a diventarne frequentatori. Così a tutte le ore del giorno, e sino a notte inoltrata, esso è sempre zeppo di avventori.

Lo dirige il signor Ignazio Capretti, uomo intelligente ed affabile, un *selfmade man* che unisce alla fibra forte del lavoratore indurito alla fatica la gentilezza e il *savoir faire* di un gentiluomo. La bontà del servizio incatena gli *habitués* di questo ritrovo.

Tutte le sere esso è rallegrato da concerti istrumentali, eseguiti da distinti musicisti, senza che nessun aumento si richieda sui prezzi delle consumazioni.

Ultimamente il Biffi venne rinnovato ed abbellito
in modo straordinario. Le decorazioni sono un vero
trionfo dell'arte e di sera gli splendori della luce
elettrica ottengono meravigliosi effetti sugli stucchi
candidi o dorati, sui *platfonds* vagamente dipinti,
sulle grandi specchiere.

Al Biffi ci si va la prima volta per forza, perchè
ciò esige la corrente della vita cittadina, ci si ri-
torna attratti dalla bellezza e dalle comodità del
luogo, ci si diventa frequentatori, perchè vinti dalle
mille sue attrattive.

LA PAGINA DI NEMBROD

Il gusto per le armi è certo fra i più nobili che contraddistinguano i popoli civili.

Più il progresso cammina, più i costumi si raffinano, più le scienze meccaniche sviluppano applicazioni sorprendenti — e più noi vediamo che l'amore e l'arte delle armi approfondiscono le loro radici nell'educazione, acquistano prestigio nella vita pubblica e privata dei cittadini.

A Milano, città che ha tradizioni marziali di prim'ordine, che alimenta così gran numero di associazioni ginnastiche e di carattere militare, che è centro brillantissimo d'un mondo sportivo come non vi è l'uguale nelle altre città del regno — Milano offre un ottimo campo all'industria delle armi, che fu già una delle glorie dei nostri artefici medioevali.

E fra i più conosciuti e benemeriti cultori dello

importante ramo cui presiede la dea Bellona va annoverata la ditta A. Belotti & C., che in via S. Raffaele tiene un negozio d'armi da rivaleggiare con i migliori del genere d'Inghilterra e del Belgio.

Lettore, sei tu cacciatore? Ami tu, collo schioppo a tracolla ed il fido cane fra le gambe, gettarti alla campagna nelle prime ore del mattino, frugare campi di meliga e stoppia, salire e scender boschi e brughiere, senza fermarti un istante, fra la rugiada, la polvere, il fango, le zolle riarse, in cerca d'una selvaggina troppo spesso immaginaria?

Se cacciatore tu sei — figlio, nipote o fratello di latte del Nembrod leggendario — non dimenticare che nel negozio di Belotti & C. c'è il più meraviglioso assortimento di armi da caccia delle migliori fabbriche inglesi, belghe ed americane, con accessori d'ogni genere relativi all'arte venatoria.

Non parlo poi delle armi di lusso: là dentro c'è da far impazzire letteralmente di frenesia e di cupidigia qualunque appassionato di *bonnes cibles*.

Lettore, sei tu pescatore? La ditta A. Belotti & C. ha fatto raccolta di quanto l'Inghilterra fornisce di meglio per la pesca all'amo.

È in Inghilterra dove la passione della pesca si è spinta ad un grado altissimo, tanto che solo in Londra si contano non meno di una trentina di *clubs* di pescatori e non meno di cinquecento negozi, fra grandi e piccini, per gli articoli da pesca. Si capisce facilmente come colà tutto sia studiato, portato al massimo grado di perfezione: l'inganno dell'astuto abitatore delle acque è sicuro e non un pesce scappa alla raffinatezza degli ordigni inglesi.

Nella nostra Italia, così ricca d'acque, si procede un po' ancora alla carlona; ma la passione per la pesca è viva. Ecco dunque del materiale da studiare, e una volta che il pescatore italiano saprà servirsi come si deve dei congegni che la bionda Albione gli appresta, non avrà più bisogno di quell'augurio che è insieme un consiglio: « *Prenez et ne vous faites pas prendre.* »

Non si può anche tacere il ricco assortimento della ditta Belotti & C. in articoli per scherma. Maestri e scolari hanno di che sbizzarrirsi.

Ma ciò che ha conferito in questi ultimi tempi una grande rinomanza alla ditta A. Belotti & C. è l'essere diventata agente generale in Italia della famosa *Acapnia*, tipo ammirabile di polvere senza fumo. Grazie ai perfezionamenti chimici e meccanici introdotti nella fabbricazione, l'*Acapnia* fu resa inalterabile e buona per qualsiasi cartuccia senza distinzione di capsula.

L'*Acapnia* ha risolto un problema pirico ritenuto finora insolubile: essa è diventata la polvere giustamente preferita da quanti maneggiano delle armi a fuoco per caccia.

Un'elegante ed artistica allegoria, eseguita dalla ditta milanese fratelli Tradico, è stata inviata alla Esposizione nazionale di Palermo dai signori Baschieri e Pellagri di Marano, per presentare la polvere *Acapnia*, della quale sono inventori, ai visitatori di quella mostra.

Trattandosi di un prodotto che ha già fatto le sue prove ed ebbe sì festosa accoglienza dai cacciatori, è certo che anche a Palermo l'*Acapnia* se-

gnerà un trionfo completo alle prove che si faranno
avanti la giuría.

La ditta A. Belotti & C., per aver diffuso, popolarizzato l'uso di questa così utile innovazione, va
davvero raccomandata a quanti in Italia sentono
affetto per le marziali discipline e che tengono in
onore i progressi della nostra industria.

La *buvette* del drammaturgo

A Parigi vi è una celebre bottiglieria condotta da un letterato che nel mondo della giovane scapigliatura si è acquistato una clamorosa rinomanza.

Milano ha anch'essa la sua *buvette* artistica nell'*Aquarium* del roseo e sorridente Paolo Bellati, in corso Vittorio Emanuele, angolo via Cesare Beccaria.

Anche il Bellati, dopo di avere spenta la sete a tanta gente colle sue deliziose bibite igieniche, si sentì a sua volta assetato... di gloria, e scrisse diverse commedie, che furono rappresentate e applaudite nei teatri popolari di Milano.

Questo giovane, che esordì assai modestamente la sua carriera presso la ditta Valcamonica, ha saputo lanciare rapidamente il proprio esercizio nell'alte sfere del successo e del guadagno.

Egli trovò il segreto di richiamare sempre l'attenzione della gente con bizzarrie ed eccentricità d'ogni sorta, tutte ingegnose, tutte originali ed indovinate.

Ormai l'*Aquarium* del corso è diventato un centro tipico della città: là dentro vi è sempre folla e il simpatico Bellati non fa a tempo a distribuire da ogni lato le tazze del soda-*waller* ed i sorrisetti di saluto e di ringraziamento.

Nella stagione invernale, le delicate bibite contro il solleone cedono il campo a quelle calde pettorali — sia nelle prime che nelle seconde il Bellati si è fatto un nome di specialista di prim'ordine.

L'*Aquarium* è dotato della prima macchina italiana costruitasi per la distribuzione delle bibite: vi agisce un motore elettrico, e v'è sempre là dentro un gran nitore di specchi, un biribissaio di cristallerie, di zampilli, di fiori.

Ecco un giovanotto che in pochi anni ha saputo farsi una posizione *soda*... in grazia non solo della medesima, ma anche a furia di ingegnosità, di perspicacia e di lavoro.

Bellati ha recentemente avuto il r. brevetto dal Governo e dal Consiglio superiore di sanità in Roma per la sua specialità di polvere ed elixir Noce di Kola, che fu già ripetutamente onorata dalle più alte ricompense a tutte le principali esposizioni.

Fra cogome e vassoi

Impossibile restare un giorno a Milano senza dare una capatina al *Caffè-Bar Milano* in corso Vittorio Emanuele, 2.

Questo elegante e frequentatissimo caffè-bottiglieria, già di proprietà del simpatico Antonio Pedrazzini — chi non conosce il buon Antonione? — è stato assunto, da poco più di un anno, dal biondissimo Ferdinando Sotteri — un giovane piemontese, che in mezzo alle sottocoppe ed ai sifoni sa conservare una signorilità di modi ed una delicatezza di sentimento davvero poco comuni, tanto che gli conciliarono le simpatie d'una clientela altrettanto distinta quanto numerosa.

Il *Caffè-Bar Milano*, situato nella miglior posizione della città, dotato d'un gran balcone sul corso, con una sala superiore per giuoco ogni sera popolata da una folla di *habitués*, è fra gli esercizi di tal genere uno dei più simpatici e dei più prosperanti.

Fra le specialità che distinguono come *buvette* il *Caffè-Bar Milano* vanno segnalati lo *scotch whisky* di Grawford e Son e il delizioso *champagne* Carpené-Malvolti, del quale è agente a Milano il nostro ottimo amico Vittorio Della Grazia.

Il *Caffè-Bar Milano* ha poi una reputazione incontestata per i suoi vini dei migliori centri di produzione, nazionali ed esteri.

Nella stagione invernale, una macchina di Loftus di Londra prepara il *punch* ed il *vin brulé* come non si bevono certamente in molti altri esercizi di Milano.

Questo caffè annovera fra i suoi frequentatori le più conosciute notabilità commerciali del corso Vittorio Emanuele. Anche i forestieri lo prediligono, perchè il suo proprietario ha la fortuna di sapere conversare nelle lingue di Voltaire, di Byron e di Schiller, ciò che rende alle volte un *moka* od un calice di barolo doppiamente gradito, se chi lo beve è un venuto d'oltre Alpe o d'oltremare. E ciò in virtù del proverbiale « *Nube pari* ». Accoppiati coi tuoi pari.

LE PERIPEZIE D'UN MAESTRO

NOVELLA

DEL

Prof. G. Ottolenghi

Chi è fra i lettori che conosce quel vecchietto arzillo che tutte le mattine alle dieci va a prendere il suo bravo moka al caffè Milano, sul corso Vittorio Emanuele, ed al quale non par possibile andare allo stesso caffè due giorni di seguito?

Quel vecchietto risponde al nome di maestro Scipione, ha sessantatrè anni, è ammogliato, è padre di un giovanotto che s'avvia per la carriera legale, ed il suo ufficio in società sembra quello di rallegrare con frizzi chi lo avvicina.

La sua missione di lavoratore è finita, ove non si tenga conto del suo *memoriale pei maestri*, a cui aggiunge qualche linea ogni giorno e che, dopo la sua morte, sarà pubblicato dal figlio, se il figlio non avrà di meglio a fare.

Il Cervello di Milano.

Un giorno ebbi per caso a trovarmi con maestro Scipione in un crocchio di amici comuni; non parlava che lui, e se qualcuno azzardava proferire la sillaba iniziale di un vocabolo, gli bastava quella sillaba per imbastire una storiella.

— Ma lei predica tutto il giorno senza interruzione, azzardai io.

— Predica del lotto, che va piano andando al trotto.

Non mi ci raccapezzai davvero a quel proverbio, e senza arrossire della mia ignoranza gliene chiesi spiegazione.

— Come, lei ignora la predica del lotto? La illumino subito.

Stia a sentire. A Campione c'era un parroco quand'io era maestro lassù, il qual parroco, che forse aveva disdetta col gioco del lotto, s'era fitto in capo di movere guerra all'istituzione troppo aleatoria. E la guerra cominciò dal pulpito. Un giorno che teneva la terza predica contro il lotto egli uscì in questa perorazione: « Fratelli dilettis- « simi, pensate che intorno a voi cresce una nuova « generazione povera di mezzi e che voi non avete « diritto di menomare il suo sostentamento per « correre a giocare due numeri qualsiasi, per « esempio 82 e 29 che trovaste scritti su di un « muro o che vi sono apparsi in sogno, perchè ci « pensaste prima di addormentarvi.

« La Chiesa, povera di mezzi, ha bisogno de' suoi « fedeli; amate Dio con tutto il vostro cuore, con « tutta la vostra anima, con tutte le vostre so- « stanze, dicono le sacre carte, ma non insegnano « il gioco del lotto. »

Finita la predica il prete s'avviava fuor di chiesa, quando una vecchia l'avvicinò e gli chiese: Scusi, reverendo, dei due numeri da lei menzionati uno è il 29, lo ricordo, e l'altro? —

Non era così troppo giustificato il proverbio di maestro Scipione, ma tanto e tanto poteva andare.

Da questa tiritera per altro feci la preziosa deduzione che io avevo di fronte un ex maestro di Campione.

Mille scuse se mi permetto supporre nei lettori tanta ignoranza in fatto di geografia da non conoscere Campione. Prima dei miei colloqui con maestro Scipione non aveva neppur io l'alto onore d'annoverare Campione fra le mie conoscenze e

Di me medesmo meco mi vergogno.

La colpa di questa mia ignoranza l'hanno un pochino anche gli storici italiani, che, immemori della gratitudine che l'Italia deve a questo microscopico angolo di terra, lo trattarono come se non esistesse.

Campione è un villaggio italiano che giace nel cuore del territorio svizzero-italiano. Si stende in riva al Ceresio proprio di fronte a Lugano; vi si accede per terra dall'Italia prendendo da Capolago, e dalla Svizzera discendendo da Arovio Arogno e paeselli finitimi.

Vi sono circa due mila abitanti, comprese sei
guardie di finanza, due carabinieri e un delegato
di questura. L'industria che dà pane o quella certa,
consiste in varie fabbriche di stoviglie in altri
tempi floridissime ed ora agonizzanti; vi si aggiunge
la pesca e sovratutto poi il contrabbando che vi si
pratica colle arti più raffinate e varie.

Maestro Scipione nei suoi innumeri sproloqui
ricordava che una ditta commerciale di Lugano, la
quale aveva ricca clientela in Italia per lo spaccio
di titoli interinali di prestiti a premi, teneva un
apposito servizio di barca, perchè ogni sera da
Lugano la ditta mandava a Campione per impo-
stare la corrispondenza diretta in Italia. Una traversata di lago bastava a ridurre a venti la tassa
di venticinque centesimi per ogni lettera.

Ai tempi napoleonici durante il blocco continen-
tale, Campione era diventato il granaio della Lombardia, appunto per questa sua duplice qualità di
essere territorio italiano per sudditanza e territorio
svizzero per topografia. Topografia è vocabolo di
maestro Scipione, che sdegna di dire geografia
trattandosi di un paese così piccolo.

Non mi è mai riescito sapere come diavolo avesse
fatto Campione a rimanere all'Italia, circondato
com'è da terre elvetiche; ma il possesso non è per
questo meno legittimo, e per ora mi accontento di
quello che maestro Scipione s'è compiaciuto d'in-
segnarmi.

***

Fra la stranezza del paese e quella del maestro ci trovavo tanta analogia che m'interessai come ad una curiosità alle vicissitudini di maestro Scipione.

In pochi giorni fui ammesso tra i suoi più intimi. La nostra loquacità, il nostro carattere gioviale, l'affinità delle nostre occupazioni, poichè lui maestro, io pubblicista, l'età quasi identica, giacchè io non aveva venti anni meno di lui, fecero sì che fra noi si stabilì una simpatia veramente cordiale. Misteri dell'idiosincrasia.

Le nostre sedute si tenevano generalmente la sera, ed erano sedute in piedi, anzi ambulanti, perchè camminavamo in galleria un paio d'ore, evocando i fasti del maestro nell'esercizio delle sue funzioni.

Sui quali fasti maestro Scipione aveva anche scritto un poema che incominciava coi seguenti versi poco eroici:

« Arte più misera,
« Arte più rotta
« Non c'è del medico
« Che va in condotta: »

Disse uno spirito
Di buon umore
Che gode credito
Di buon scrittore.

Ed io vermicolo
Oggi ho tentato
Cangiar l'antifona
Del Fusinato;

Ed il fisiologo
Facendo anch'io
Or vo' ripetere
Dal canto mio:

Arte più misera
E da capestro
Non c'è del povero
Signor maestro

Che monta in cattedra
E a suon di nerbo
Coi suoi discepoli
Coniuga il verbo.

Come si vede le buone regole del poema sono salve. Manca il. verso eroico, manca la solita invocazione, non c'è originalità di forma, ma il resto c'è; e quando il poema sarà edito annoveremo fra le gemme di Parnaso una pietra dura di pregio non comune, anzi durissima.

Maestro Scipione non ha fatto come Molière che per scrivere il suo *Misantropo*, ha radunato in un unico tipo tutte le varietà della specie. Maestro Scipione è il solo ed unico eroe del proprio poema, eroe che può tuttavia essere un tipo comunissimo.

Infatti da un altro brano del poema che m'è rimasto in mente trovo un tipo comune.

Eccolo:

Or di tal martire
Se mi vien fatto
Per chi vuol leggerlo
Scrivo il ritratto.

Della metodica
Finito il corso
Comincia a piangere
Per il concorso;

S'agita e supplica
Or questo or quello,
A tutti i sindaci
Fa di cappello.

Sta a spasso un secolo,
Prova la fame
E acquista un pallido
Color di rame,

E dopo i triboli,
Dio sa a qual costo!
S'installa in cattedra
E trova un posto.

Bello quel s'installa in cattedra! ricorda Pontelagoscuro dove non c'è nè ponte, nè lago, nè scuro! A Campione non c'era nè stallo, nè cattedra, ma una vecchia sedia i cui quattro piedi erano soltanto tre. *Relata refero.*

Se maestro Scipione installato avesse finita la sua via crucis avrebbe cessato d'essere un tipo interessante, ma gli è appunto dall'installamento che incominciano le dolenti note, stando al suo poema.

Ecco al suo giungere
Che nel paese
Sopra i suoi meriti
Si fan le spese.

Chi il vuol simpatico,
Chi il dice brutto,
Chi dice ha l'aria
Da guastatutto;

A chi par stupido,
A chi istruito,
Chi lo vuol vegeto
E chi avvizzito.

Le donne il guardano!
Oh, mamma mia,
Comincia a nascere
La gelosia!

Con tal preambolo
Si può arguire
Qual bell'epilogo
Ha da venire!

Diffatti maestro Scipione non è che alla prima stazione della via spinosa.

Nuovo nel paese non sa quali siano le opinioni politiche della maggioranza per accomodare le sue a quella dei più; da principio vorrebbe stare con tutti, appender voti al diavolo e ai santi;

Dopo del sindaco
Un buon cristiano
Sen va a far visita
Dal cappellano,

Ma poi gli eretici
Che penseranno?
Quali mai satire
Mi scriveranno!

E se dal parroco
Io non ci andassi
Da quei che credono
Cosa dirassi?

L'alternativa è feroce per un neo eletto a diri-
gere le menti di tutto un villaggio; maestro Scipione
per convinzione sua avrebbe fatto volontieri a meno
di ossequiare l'autorità spirituale, tanto più che
eravamo in quei tempi in cui ferveva più acre la
lotta fra il temporale e lo spirituale.

Sit ecclesia A, sit imperium B, questa era l'opi-
nione di Dante, pensava maestro Scipione, ma egli
aveva abbastanza modestia per soggiungere, non
sono l'Alighieri e vado.

E andò. Non l'avesse mai fatto!

Il parroco senza tanto tergiversare raccomandò
al maestro il catechismo nella scuola, e fin qui
meno male, ma gli commise di insegnare ai suoi
alunni il canto corale onde potessero nelle feste
solenni cantare gli inni chiesastici nella chiesa
maggiore ed unica del villaggio.

Il povero maestro Scipione non conosceva musica
e dei canti appresi da giovinetto per le vie di Milano, non ne trovava uno che si addattasse ai sacri
ritmi di Benedetto Marcello di Palestrina e di
Cherubini.

Inutile dire ch'egli ignorava perfettamente le
cantate sacre di Haiden, di Hendel, lo *Stabat mater*
di Rossini, e neppure la messa di Verdi, anche
perchè Verdi non l'aveva ancora scritta; quindi
dopo essersi lambiccato il cervello un mese, riuscì

soltanto a presentare una massa corale sufficientemente stuonata, ma che in compenso cantava gli
inni sacri con la musica della *Figlia di Madama
Angot.*

Il debutto fu un trionfo completo del maestro;
ma non vi è rosa senza spine! Una domenica un
viaggiatore di commercio giunto da Como, avvertì
che l'*Ave Maria* altro non era che

> A tutto il mondo è noto
> Per certo già si sa
> Che illustre pescivendola
> Era madame Angot.

Fortuna, che maestro Scipione, chiamato a dar
spiegazione innanzi al parroco ed al commesso
viaggiatore dimostrò, che quella musica era del
repertorio chiesastico francese nell'inno sacro che
principia

> Marchande de marée
> Pour cent mille raisons
> Elle était adorée
> A la halle aux poisons.

Il parroco bevve grosso, ed il commesso viaggiatore lo lasciò bere per togliere il maestro da un
imbarazzo serio.

Ma la cosa non passò molto liscia.

Il sindaco, uomo di dottrina eccezionale, fra le
tante cose che sapeva, conosceva pure la *Figlia di
Madama Angot.* Ei tacque con tutti per deferenza
al maestro, ma chiamatolo nel suo ufficio non gli

risparmiò una paternale molto diplomatica, senza
entrare in particolari per non parere bigotto, come
non avrebbe voluto sembrare eterodosso.

Nella sua camera
Quel funzionario
Indivisibile
Dal segretario,

Colle pantofole,
Col berrettino,
Col bravo eccettera,
Volto al camino

Una gran predica
Di circostanza
Comincia subito
Come d'usanza.

Mio signor Tizio,
Come sa bene,
Al Municipio
Ella conviene.

Ma non dimentichi
L'antico motto:
Senza politica
Si fa fagotto.

Lasci la musica
A chi ne ha l'estro
E la si limiti
Far da maestro.

L'enciclopedico,
Il talentone
È roba rancida
Qui per Campione.

Tutti in villaggio,
Già il dee sapere,
Han l'abitudine
D'un sol mestiere.

Lei fa grammatica,
Un fa il fornaio,
Io faccio il sindaco,
C'è il cappellaio,

Ci abbiamo il medico,
Qui c'è un barbiere,
Ma ognun per solito
Fa il suo mestiere.

Ella sa intendermi,
Perchè è uom scaltro,
Dunque s'accomodi,
Parliamo d'altro.

Naturalmente maestro Scipione si sarà accomodato su qualche sedia sindacale, e il funzionario civico continua così:

La sappia vivere
Con tutto il mondo,
Non cangi metodo
Ogni secondo,

Per certi ninnoli
La faccia il gnori
E lasci correre
Certi rumori.

Non monti in collera,
È un gran difetto;
Poi l'irascibile
Fa brutto effetto.

Dunque si regoli,
Sia moderato,
E non dimentichi
Ch'ella è pagato.

Povero maestro Scipione! L'esordio del suo installamento a Campione non fu per certo allegro.

> Ma giunge il quindici!
> S'apre la scuola!
> Sospira, o martire
> Della parola;
>
> Ora cominciano
> Note dolenti,
> Trovato hai subito
> Pan pe' tuoi denti.
>
> Sessanta discoli
> *I*ndemoniati
> Dalle famiglie
> Son presentati.
>
> A quel che dicono
> Questi signori,
> Nessuno è un asino
> Tutti dottori,
>
> Scolari emeriti
> Che in fine d'anno
> Sessanta premi.
> Ti chiederanno.

Veramente con novanta lire al mese, sessanta scolari sono troppi, ma c'era la casa senza pagamento di fitto, e poi maestro Scipione seppe cattivarsi l'animo delle famiglie, per modo che nei primi giorni d'inverno i bambini andavano alla scuola portando un randello per ciascuno, sicchè il combustibile dell'annata era assicurato a novembre.

A Natale c'erano le uova, poi le galline e i polli; a Pasqua i capponi e l'agnello, ed il sindaco gli regalava ogni anno un ettolitro di vino che annacquato figurava due ettolitri e durava da un novembre all'altro.

Tratto tratto, maestro Scipione, scriveva qualche · sonetto per nozze o qualche epitaffio, per modo che delle novanta lire mensili potè anche risparmiare qualche cosuccia.

*
* *

Ma giacchè la fortuna mi ha fatto conoscere il poemetto inedito di maestro Scipione, continuiamone l'esame prima di venire alla parte più allegra della vita di questo bell'umore.

Le peripezie del maestro non si arrestano al cominciar della scuola, anzi è di lì che giova rifarsi per trovarne il bandolo. Infatti

In sui primordi
Tutto va bene,
Per sapientissimo
Ognun ti tiene.

Gl'incerti piovono.
— Signor maestro,
Voglia ricevere
Questo canestro,

Senti ripetere
Con un sorriso
E sogni il gaudio
Del paradiso. —

Tu mandi al diavolo
Tutte le noie,
Della tua carica
Sogni le gioie;

Ma senz'accorgerti
Che il fiore in seno
Nasconde l'aspide
Ed il veleno.

Ma per riassumere
Il mio pensiero
In poche linee
Eccoti il vero.

— Signor carissimo,
M'han raccontato
Ch'oggi mio figlio
Fu bastonato.

Devo lagnarmene,
Farò rapporto.
— Scusi, è uno sbaglio,
Ella è del torto;

Suo figlio è un discolo
Mal educato,
E poi pianissimo
Io l'ho toccato.

— Ma che pianissimo,
Vuol darla a bere?
Sappia far meglio
Il suo dovere.

Io lascio correre
Stavolta sola,
Non si dimentichi
Questa parola! —

E uscendo brontola:
Che sapientone!
Ha la grammatica
Dentro il bastone.

Questo colloquio
T'ha disgustato
Ma guai lagnartene,
Tu sei pagato!

Un altro imbroglio.
— Signor maestro,
Di far due chiacchiere
Io colgo il destro;

C'è quel mio figlio
Quella testina
Che fu in ginocchio
Jeri mattina,

Se le è possibile
Faccia il piacere,
Io son pratico
So il mio dovere,

La chiuda un occhio
Un pocolino,
È tanto gracile
Quel poverino!

— Ma veda, è un diavolo
Troppo vivace,
I condiscepoli
Non lascia in pace.

— Lo so, carissimo
Signor maestro,
Ma è tanto giovane
Perdoni all'estro.

— Però correggerlo
Si dee cercare,
E castigandolo
Si può educare.

— No, no, mio figlio
Signor mio bello,
Se lei fa il serio
Sarà un agnello.

Nel castigarmelo
Abbia pazienza,
*In*fine è piccolo
Ci vuol pazienza. —

E scappellandosi
Ti dà il buon dì;
Siccome un cavolo
Ti pianta lì.

E anch'egli brontola,
Tu resti assorto
Pensando serio
Se hai proprio torto,

E forse mormori
A bassa voce:
Sino al *C*alvario
Portiam la croce.

Della mia carica
Ecco la gioia;
Se torno a nascere
Vo' fare il boia.

Dato e concesso che siano queste le gioie del
maestro comunale di Campione, resta a vedere come
si trascende dal male al peggio.

Andiamo all'ultimo.
Viene l'esame
Vedrai che invidii
Chi muor di fame.

Eccetto il sindaco
E l'ispettore,
Cinque, sei uomini
Poche signore.

Nessun comprendere
Vuol la fatica.
Son cose vecchie!
E roba antica!

Il Cervello di Milano.

Quello che dicono,
Quello che sanno
Già lo sapevano
Fin dall'altr'anno,

Come li spendono
Questi denari!
Come li pagano
Certi somari!

E il nostro martire
Non sa che dire,
Vorrebbe piangere
Ma dee soffrire.

Si, soffri, o misero,
Ora ci sei,
Si danno i premi
A cinque o sei.

Gli altri brontolano
Sono scontenti,
Pensa se parlano
Fuori dei denti.

Tu sei un asino,
Un ignorante,
Sei un eretico,
Sei un pedante,

Hai la grammatica
Entro il bastone,
Che begli epiteti,
La va benone!

E per condirtela
Questa pietanza,
Pagati i debiti
Solo ti avanza

Dello stipendio
Che hai percepito
La carta inutile
Del benservito.

Questo memoriale del maestro Scipione ripro-
dotto nei brani più salienti, mi dava diritto a supporre che il vecchio martire di Campione fosse un
martire per davvero, a meno che una fortuna prodigiosa non l'avesse tratto dai cenci. Conoscendo
il maestro da tre o quattro settimane soltanto non
potevo credermi lecita una minuziosa investiga-
zione, per quanto quel vecchio si prestasse assai
volontieri a parlare di sè. Tuttavia una sera che
lo vidi di più allegro umore del solito azzardai
chiedergliene il motivo. E fu ventura per me, perchè
senza la mia sfacciataggine sarei tuttora in pre-
senza di un problema irresoluto.

E io detesto cordialmente i problemi che non
offrano una soluzione prontissima.

Una sera ci trovammo di nuovo insieme e mi
volle condurre a casa sua. S'era innamorato del
mio carattere gioviale.

Appena entrati mi fece sedere, m'offrì un liquore
paradisiaco che io bevetti senza sapere che fosse, e
quando fu per versarmi il secondo bicchiere gli
arrestai la mano, perchè non uso a bevande spiri-
tose, non volevo esporre la mia preziosa salute a
rischi troppo gravi.

— Beva, beva, disse il maestro, questo liquore
ridà la vita!

Benchè vita ce ne avessi, bevetti e ne fui con-
tento.

Parlando del più e del meno, mi fece vedere la
sua modesta casetta e giungemmo ad una stanzuccia
tutta ingombra di bottiglie di quel liquore che mi
aveva offerto.

— È la sua biblioteca questa? chiesi io.

— Precisamente. In questi libri imbottigliati si
impara assai più che negli altri non imbottiglia-
bili, perchè con quelli si curano i cervelli, con
questi si cura tutto il corpo umano, senza di che
il cervello non lavora.

Mens sana in corpore sano!

— Si può sapere quanto tempo impiega a finire
quella biblioteca?

— Non mi basterebbe la vita, caro signore, ri-
spose maestro Scipione.

E non aveva torto, c'erano almeno duemila bottiglie e supposto che n'avesse bevute cinquanta
all'anno gli sarebbero occorsi quaranta anni per
sfogliare tutti i volumi. E a sessantatrè anni non
si hanno fondate speranze di camparne ancora
quaranta.

Fu a stento che gli potei far dire ch'egli s'era
dato all'industria del venditore di quel liquore in
commissione.

Sentiamo lui.

— Vede, ottimo signore, se il ministro dell'istruzione pubblica non ci riserbasse un avvenire di
stenti, dopo averci concesso per sua bontà un passato di miserie, i poveri maestri anche pensionati
non sarebbero tratti al commercio.

Io mi son detto fra me stesso: Fino ad ora ho
curato le anime, veggiamo di curare i corpi di
questa generazione infrollita che eredita tutti i
malanni delle passate età; cerchiamo un tonico che
sia ad un tempo tonico e preservativo, preservativo
e rimedio. Cerchiamo un liquore che migliori il
sangue dei bambini e purifichi quello degli adulti e
degli attempati, che dia forza ai nervi, che aggiunga
intensità ai muscoli e nello stesso tempo non pesi
allo stomaco d'una gente sibarita rovinatasi nella
perfezione dell'arte culinaria.

Propaganda per di qua, propaganda per di là,
gira come un arcolaio o come un treno direttis-
simo, in capo a breve tempo trovai il liquore che
avete bevuto or ora, superiore ad ogni altro del
genere, e più che per la mia loquela, il liquore s'è
imposto per le sue doti caratteristiche.

Il pubblico lo compera, io mi accontento d'un
modesto guadagno, perchè la quantità immensa
dello spaccio mi compensa della modicità del lucro,
e così vivo bene ed allegro.

— Ma voi mi avete detto molto, caro maestro,
ma non m'avete detto il nome della vostra panacea.

— Come, non leggeste il titolo dei volumi della
mia biblioteca, siete un pubblicista illetterato come
ce ne sono tanti fra i miei vecchi allievi? Prendete,
leggete!

Egli mi diede una bottiglia su cui era stampato
Ferro-China Bisleri.

Che sciocco, dissi fra me, dovevo accorgermi dal
gusto, l'avevo bevuto altra volta in casa d'un mio
amico che faceva la cura depurativa del sangue.

*
* *

Nel lasciare maestro Scipione pensai fra me stesso,
se non fosse utile che i maestri elementari lascias-
sero il loro mestieraccio per fare i venditori di
Ferro-China; meglio un popolo di asini vivi, che
di dottori morti, o per essere più esatti, meglio un
ignorante robusto che uno scrofoloso sapiente.

INDICE